Ousmane Doucoure

Impacto dos resíduos sólidos nas águas subterrâneas de Bamako

Ousmane Doucoure

Impacto dos resíduos sólidos nas águas subterrâneas de Bamako

Análise das interações entre a poluição urbana e a qualidade dos recursos hídricos no distrito de Bamako

ScienciaScripts

Imprint
Any brand names and product names mentioned in this book are subject to trademark, brand or patent protection and are trademarks or registered trademarks of their respective holders. The use of brand names, product names, common names, trade names, product descriptions etc. even without a particular marking in this work is in no way to be construed to mean that such names may be regarded as unrestricted in respect of trademark and brand protection legislation and could thus be used by anyone.

Cover image: www.ingimage.com

This book is a translation from the original published under ISBN 978-620-3-41491-2.

Publisher:
Sciencia Scripts
is a trademark of
Dodo Books Indian Ocean Ltd. and OmniScriptum S.R.L publishing group

120 High Road, East Finchley, London, N2 9ED, United Kingdom
Str. Armeneasca 28/1, office 1, Chisinau MD-2012, Republic of Moldova, Europe
Managing Directors: Ieva Konstantinova, Victoria Ursu
info@omniscriptum.com

Printed at: see last page
ISBN: 978-620-8-59733-7

DEDICAÇÃO

A Deus Todo-Poderoso, a Ele pertencem o mérito e o reconhecimento na realização deste trabalho, bem como os seus benefícios na minha vida;

Ao profeta MOHAMED (que a paz esteja com ele)

Ao meu pai Souleymane,

Fizeste verdadeiros sacrifícios pela nossa educação. As vossas orações foram finalmente atendidas, e peço também a Deus que vos conceda uma vida longa e uma boa saúde.

Para a minha mãe Penda DIALLO,

Quem trabalhou para o meu sucesso, pelo seu amor, pelo seu apoio, por todos os sacrifícios feitos e pelos seus conselhos preciosos, por toda a sua ajuda e pela sua presença na minha vida, recebe através desta obra, por mais modesta que seja, a expressão dos meus sentimentos e da minha eterna gratidão.

Para a minha irmã, a falecida Kadidia DOUCOURE,

Deixaste-nos desprevenidos para a tua morte. Não tenho muito a dizer para expressar o meu amor por ti. Fiquei destroçado com a tua morte a 31 de agosto de 2015. Sei que descansas num lugar mais tranquilo do que aqui. Paz à tua alma, minha querida irmã.

Aos meus queridos irmãos e irmãs,

Obrigado pelo vosso encorajamento e pelo vosso apoio, isto é uma expressão do meu amor infinito;

A toda a minha família,

A todos os membros da **DOUAOU**, pelos momentos de tristeza e de alegria que partilhámos. E **ao falecido Youssouf DIALLO**, nunca te esqueceremos onde quer que tenhas ido, que Deus te acolha no seu paraíso.

E a todos os meus amigos de todo o mundo, desejo-vos felicidades r

AGRADECIMENTOS

Antes de mais, gostaríamos de agradecer a **Alá** por nos ter dado a boa saúde de que necessitamos para concluir o nosso projeto de fim de curso.

Gostaríamos também de agradecer aos nossos **pais** e **família** pelo seu apoio e encorajamento durante os nossos estudos.

Muito obrigado,

Ao **Professor Adama TOLOFOUDYE,**

por me ter dado autorização para efetuar os testes no seu laboratório

Ao **Dr. Yacouba MAIGA**

Por ter aceitado espontaneamente guiar-me no meu trabalho e pelo seu apoio, orientação, encorajamento, qualidades humanas e conselhos.

Gostaria de agradecer aos membros do **júri** por terem aceite avaliar este trabalho. Os meus agradecimentos vão para todos os nossos professores e formadores do Instituto de Pedagogia Universitária.
Os meus agradecimentos e gratidão vão também para todo o pessoal do centro de medição FST/USTTB.

Estou igualmente grato aos meus colegas de mestrado por todos os bons momentos que passámos juntos durante o período de formação.
Finalmente, gostaria de agradecer a todas as pessoas que, de uma forma ou de outra, contribuíram para a minha formação e para a realização desta dissertação, e cujos nomes não constam deste documento. A todas estas pessoas gostaria de expressar a minha profunda estima e gratidão.

Gostaria também de agradecer a todo o pessoal do Instituto de Pedagogia Universitária (IPU

Gostaria também de agradecer a todos os meus irmãos, amigos e conhecidos pelo seu apoio.

Índice

RESUMO

Em Bamako, a gestão dos resíduos sólidos domésticos está a intensificar-se com o crescimento demográfico e a evolução dos padrões de produção e de consumo. A produção destes resíduos é inerente às actividades humanas, sejam elas domésticas, agrícolas, industriais ou comerciais, e tem um forte impacto no ambiente, por exemplo: os resíduos são arrastados pelo vento, atraem insectos nocivos e os poluentes, como os lixiviados, podem penetrar e contaminar as águas subterrâneas e os cursos de água. Este estudo baseia-se no impacto dos resíduos na qualidade das águas subterrâneas do distrito de Bamako. Foram utilizados vários métodos e ferramentas no decurso deste trabalho, incluindo: um inventário das várias lixeiras de trânsito nas seis comunas do distrito de Bamako, caraterização dos resíduos, análises físico-químicas do solo, análises físico-químicas e de metais pesados dos lixiviados dos aterros e a água dos poços que circundam as lixeiras foi analisada no centro de medição da FST/USTTB localizado na colina de Badalabougou. Os resultados destas análises mostraram que os resíduos sólidos são constituídos por múltiplos elementos (plástico, vidro, tecidos, madeira, etc.) e que as categorias de resíduos plásticos são omnipresentes nos aterros de Bamako. Os resultados das análises físico-químicas do solo mostraram que este é rico em elementos metálicos e actua como um filtro para a retenção de metais. As análises dos lixiviados do aterro mostraram que a água tem um pH alcalino, variando de 7,33 a 7,96. Os lixiviados estão contaminados com nitrato, cloreto e metais pesados, e têm uma condutividade muito acima dos valores máximos para descargas de águas residuais no Mali. As análises da água dos poços que rodeiam o aterro confirmaram a presença de nitratos e nitritos e de alguns elementos metálicos nas águas subterrâneas. Esta contaminação deve-se à infiltração do lixiviado do aterro nas águas subterrâneas por percolação. As estratégias propostas podem ajudar a sensibilizar as pessoas que vivem perto de aterros sanitários, para que não consumam água de poços não tratada.

Palavra-chave : Resíduos, lixiviados, poluição, impacto, Bamako

I. INTRODUÇÃO GERAL

A urbanização acelerada dos países em desenvolvimento, incluindo o Mali, o baixo nível de educação da população e a fragilidade das estruturas públicas de saneamento tornam a gestão dos resíduos um enorme desafio. Os resíduos são uma parte inseparável da vida humana. Em todos os tempos e em todos os lugares, a produção de resíduos tem sido inerente às actividades humanas, sejam elas domésticas, agrícolas, industriais ou comerciais (Ouattara et al, 2017). No entanto, os problemas associados à gestão de resíduos evoluíram ao longo do tempo.

Em 2005, o Programa das Nações Unidas para o Ambiente (PNUA) explicou que o crescimento dos resíduos nas zonas urbanas representava um problema não só para os países desenvolvidos, mas também para os países em desenvolvimento, que se debatiam com as dificuldades de gestão e eliminação destes resíduos (Chunyan, 2016). Durante muito tempo, os resíduos eram principalmente de natureza orgânica, reflectindo um estilo de vida rural: excrementos de animais e de seres humanos, restos de animais abatidos, resíduos agrícolas. Inicialmente, eram depositados em aterros sanitários perto do local onde eram produzidos (N'go e Regent, 2004). A questão dos resíduos limitava-se ao abandono da matéria orgânica. Mas à medida que cada vez mais pessoas se instalavam numa determinada área, a quantidade de resíduos produzidos tornou-se gradualmente um incómodo e o equilíbrio do ambiente foi perturbado (Ouattara et *al*, 2017).

Desde 2006, o Governo do Mali e os seus parceiros têm estado envolvidos no processo de elaboração da Política Nacional de Saneamento do Mali (PNS). Este documento da Política Nacional de Saneamento foi adotado em janeiro de 2008. Complementa a Política Nacional de Proteção do Ambiente, que foi elaborada e adoptada em 1998. A Política Nacional de Saneamento assenta em cinco (05) pilares principais (C.A.E.P, 2018):

Φ Estratégia de gestão dos resíduos líquidos ;

Φ Estratégia de gestão dos resíduos sólidos ;

Φ A estratégia de gestão dos resíduos especiais ;

Φ Estratégia de gestão das águas pluviais ;

Φ Educação para a higiene e o saneamento.

A proteção do ambiente, nomeadamente o saneamento, é uma questão política importante no Mali. O artigo 15º da Constituição de 25 de fevereiro de 1992 estipula que "todas as pessoas têm direito a um ambiente saudável. A proteção e a defesa do ambiente e a promoção da qualidade de vida são um dever de todos e do Estado". Em conformidade com esta nova Constituição, o Mali elaborou, em 1998, uma ambiciosa Política Nacional de Proteção do Ambiente (PNPE), que sublinha a necessidade de "melhorar as condições de vida das populações rurais e urbanas, dotando os centros urbanos e rurais de infra-estruturas de saneamento e lutando contra as diferentes formas de poluição, nomeadamente as que afectam os recursos hídricos" (C.A.E.P, 2018)

A deterioração da qualidade dos recursos hídricos é uma ameaça tão grande como a que representa a crescente escassez de água. As águas subterrâneas, que costumavam ser de boa qualidade, estão atualmente ameaçadas por várias fontes de poluição pontual. A percolação de lixiviados de resíduos é uma fonte ou vetor de poluição dos recursos hídricos subterrâneos através da infiltração, e das águas superficiais através do escoamento das águas pluviais (Labadi e Saadoudi, 2019).

O objetivo deste estudo é avaliar o impacto dos resíduos sólidos na qualidade das águas subterrâneas que rodeiam os depósitos de trânsito no distrito de Bamako.

❖ **Objectivos:**

○ **Objetivo geral :**

Estudar o impacto dos resíduos na qualidade das águas subterrâneas vivas na proximidade dos depósitos de trânsito de Bamako.

○ **Objectivos específicos :**

- Fazer um inventário dos depósitos de trânsito nas comunas do distrito de Bamako;
- caraterização dos resíduos ;
- caraterizar os lixiviados de resíduos ;
- avaliar a influência dos resíduos na qualidade da água potável nas imediações dos depósitos de trânsito em Bamako.

II. REVISÃO BIBLIOGRÁFICA

2.1. Resíduos em geral

2.1.1. Definição de resíduos :

Atualmente, o termo "resíduos" é utilizado na linguagem corrente para designar a perda que algo sofre em termos de volume, valor ou qualquer uma das suas qualidades. As várias definições de resíduos sublinham esta noção de perda (Chunyan, 2016).

Na República do Mali, os resíduos são definidos como "qualquer resíduo de um processo de produção, de transformação ou de utilização, qualquer substância, materiais produzidos ou, de um modo mais geral, qualquer bem móvel abandonado ou que o seu detentor tenha a intenção de abandonar e que seja suscetível de ter efeitos nocivos sobre o solo, a flora e a fauna, de degradar os sítios ou as paisagens, de poluir o ar ou a água, de gerar ruídos ou odores e, de um modo geral, de prejudicar a saúde humana e o ambiente". (Lei n.º 2021/032, de 21 de maio de 2021).

2.1.2. Classificação dos resíduos :

Dependendo do tipo de resíduos

Existem três (03) categorias essenciais: sólidos, líquidos e gasosos (Zedam e Laraba, 2019). Dado o contexto e o objetivo do nosso estudo, apenas os resíduos sólidos e semi-sólidos são considerados abaixo:

a. Resíduos domésticos e similares :

Todos os resíduos domésticos e resíduos similares provenientes de actividades industriais, comerciais e artesanais que, pela sua natureza e composição, possam ser equiparados a resíduos domésticos (Zedam e Laraba, 2019).

b. Resíduos especiais :

Todos os resíduos provenientes de actividades industriais, agrícolas, de prestação de cuidados, de serviços e de quaisquer outras actividades que, devido à sua natureza e à composição dos materiais que contêm, não podem ser recolhidos, transportados e tratados nas mesmas condições que os resíduos domésticos e similares e os resíduos inertes (Zedam e Laraba, 2019).

c. Resíduos especiais perigosos (HHW)

Qualquer resíduo especial que, devido aos seus constituintes ou às caraterísticas das substâncias nocivas que contém, seja suscetível de prejudicar a saúde pública e/ou o ambiente (Zedam e Laraba, 2019).

d. Resíduos de cuidados de saúde: resíduos biomédicos

Todos os resíduos provenientes de actividades de diagnóstico, monitorização e tratamento preventivo ou curativo nos domínios da medicina humana e veterinária que apresentem um risco físico ou uma contaminação biológica ou química para os seres humanos e/ou o ambiente (Kanté, 2019).

e. Resíduos inertes

Qualquer resíduo que não produza uma reação física ou química, como os resíduos de pedreiras, de minas, de demolições, de obras de construção ou de renovação, e que não seja constituído ou contaminado por substâncias perigosas ou outros elementos geradores de incómodos (Siham, 2012).

f. Resíduos finais

Os resíduos finais são definidos como resíduos que já não podem ser tratados nas condições técnicas e económicas necessárias para a sua valorização ou para a redução do seu carácter poluente ou perigoso (Djemaci, 2012).

g. Resíduos volumosos

Todos os resíduos domésticos que, devido à sua natureza volumosa, não podem ser recolhidos nas mesmas condições que os resíduos domésticos e similares, tais como sofás, poltronas, mesas e mobiliário antigo (Zedam e Laraba, 2019).

h. Resíduos biodegradáveis

Trata-se de resíduos geralmente de origem vegetal ou animal (resíduos verdes ou bio-resíduos), que se podem decompor ao longo do tempo através de organismos vivos (Bouazza, 2011).

i. Resíduos agrícolas :

Provêm de explorações agrícolas, de explorações pecuárias ou de indústrias agro-alimentares
indústrias agro-alimentares (Nawel, 2007).

2.1.3. Caracterização dos resíduos sólidos :

A caraterização dos resíduos é uma operação que fornece informações sobre a composição, a natureza e o comportamento dos resíduos produzidos, de modo a permitir uma gestão eficaz. Por outras palavras, através da análise e caraterização dos resíduos, é possível identificar os critérios a ter em conta na escolha dos métodos de tratamento e eliminação dos resíduos. A caraterização tem em conta o ambiente de produção, a frequência de produção e a natureza dos resíduos (Sissoko, 2016).

2.1.4. Vida útil dos resíduos :

O tempo de vida dos resíduos corresponde ao tempo que estes demoram a decompor-se e a desaparecer na natureza. Este tempo depende do tipo de resíduos. Para além da poluição visual que provocam, os resíduos deixados ao ar livre constituem um verdadeiro perigo para o ambiente, pois podem demorar muito tempo a decompor-se naturalmente. À medida que se degradam, podem libertar no solo, na água e no ar moléculas perigosas para todos os seres vivos.

Os resíduos orgânicos biodegradáveis desaparecem em menos de um ano. As cascas de maçã e de inhame podem decompor-se e desaparecer na natureza num prazo de 1 a 5 meses.

Uma beata de cigarro descartada demora cerca de 5 anos a decompor-se no ambiente. Se for atirada para um ribeiro, pode poluir 500 litros de água. E são necessários 10 anos para que o metal enferruje e desapareça na natureza (Quesnel, 2001).

Os plásticos demoram entre 100 e 1000 anos a decompor-se e a desaparecer na natureza. A decomposição dos plásticos liberta microplásticos nos rios e oceanos, perturbando a cadeia trófica da vida aquática. Isto afecta a qualidade dos produtos da pesca. Os resíduos de vidro demoram 4.000 anos a decompor-se (Quesnel, 2001).

Quadro 1: Tempo de vida de alguns resíduos (Ali e Farouk, 2022)

Tipo de resíduos	Vida útil média

▪ Lenço de papel	▪ 3 meses
▪	▪ 3 a 12 meses
▪ Fósforos	▪ 6 meses
▪ Lata de alumínio	▪ 200 a 500 anos
▪ Saco de plástico	▪ 450 anos de idade
▪ Cartão telefónico	▪ 1.000 anos de idade

2.1.5. Nomenclatura dos resíduos.

A nomenclatura dos resíduos é uma classificação que inclui os resíduos especiais, nomeadamente os resíduos especiais perigosos, os resíduos domésticos similares e os resíduos inertes. Ajuda os vários parceiros envolvidos na eliminação de resíduos a falarem uma linguagem comum.

Os resíduos são classificados segundo uma nomenclatura que atribui um código a cada resíduo para permitir a utilização de uma linguagem comum a nível europeu. Esta nomenclatura é composta por 20 categorias baseadas na atividade original dos resíduos (Zedam e Laraba, 2019):

- O número de código "A" é composto por seis dígitos: os dois primeiros (sector de atividade), os dois seguintes (origem e natureza dos resíduos) e os dois últimos (caraterização precisa dos resíduos).
- B" a identificação da classe de resíduos a que os resíduos pertencem, indicando
- C" identificação da natureza perigosa dos resíduos

A nomenclatura deve ser utilizada por qualquer pessoa singular ou colectiva envolvida na eliminação de resíduos, ou seja, departamentos governamentais, organismos públicos, autoridades locais e empresas que produzam, importem, exportem ou instalem infra-estruturas para a incineração ou tratamento físico-químico ou biológico de resíduos.

2.1.6 Impacto dos resíduos sólidos na saúde e no ambiente

A má gestão dos resíduos pode afetar a economia de várias formas, incluindo a redução da produção alimentar, a falta de saúde humana e animal e a redução do potencial turístico. A utilização incompetente dos recursos afecta a eficiência económica e a capacidade de produzir os alimentos e os produtos alimentares de base necessários para satisfazer as necessidades das populações em crescimento. A proliferação de resíduos, reflexo dos nossos estilos de vida, conduz ao desperdício de matérias-primas e de energia e à degradação do ambiente natural. Por conseguinte, estes resíduos devem ser geridos (Zedam e Laraba, 2019).

A decomposição dos resíduos sólidos (os elementos orgânicos que contêm) sob a ação da água, do ar e da temperatura é suscetível de provocar perigos imediatos ou remotos incalculáveis para o ambiente humano (poluição, maus cheiros, etc.). O fenómeno é bastante grave quando os resíduos são mal geridos, uma vez que são constituídos por materiais fermentáveis, materiais recicláveis, materiais perigosos, materiais inertes e materiais plásticos (Diabate, 2010). Poluição de poços por resíduos de aterros sanitários na Figura 1.

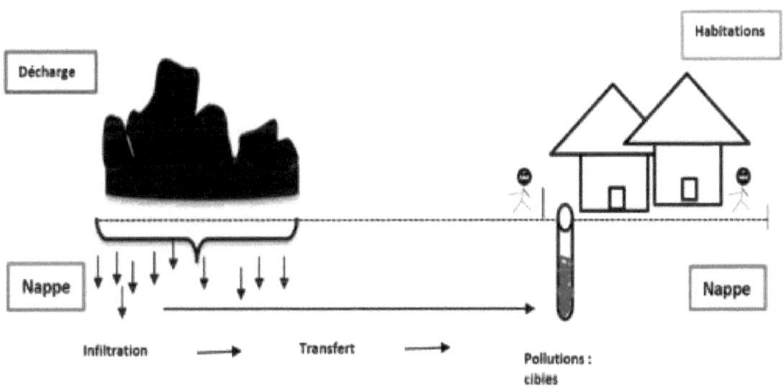

Figura 1: Diagrama concetual da poluição de poços por resíduos de aterros (Adamou, 2021).

2.1.7 Medição da quantidade de resíduos domésticos :

A produção de resíduos domésticos por habitante e por dia varia muito de uma região para outra (e também entre zonas urbanas e rurais). Podem existir variações dentro do mesmo bairro, dependendo do tipo de habitação: alto padrão, médio padrão ou económico (Quesnel, 2001). A produção diária de resíduos domésticos na cidade de Bamako era de 2.100 m3/dia em 2005, com uma taxa de recolha de 60% (BM, 2011). De acordo com a plataforma de parceiros da cidade de Bamako em Anger (2011), a produção anual de resíduos sólidos foi estimada pelo Conselho Distrital de Bamako em 377.775 toneladas em 2011 e a avaliação dos resíduos existentes em stock em toda a cidade de Bamako é de 224.054,6 m3.

Uma avaliação da produção de resíduos sólidos nas comunas de Bamako para o período 1993-2003 foi efectuada pela Tecsult em 1994. O quadro seguinte apresenta a produção média de resíduos sólidos das comunas. Os resíduos hospitalares e industriais não estão incluídos (Adamou, 2021).

Quadro 2: Produção média de resíduos domésticos em Bamako de 1993 a 2003 (Adamou, 2021).

	Produção média		
Município	**1993 1998 2003**		
	m³ % m³	**% m³**	**% m³**
Comuna I	84 680 15 116 618 16 159 542 15		
Comuna II	74 059 14 850 739 11 98 769 10		
Comuna III	130 415 24 154 359 21 182 500 18		
Comuna IV	94 024 17 13 451 17 172 025 17		
Comuna V	81 249 15 126 536 17 190 165 18		
Comuna VI	76 176 14 130 086 17 221 117 21		

2.1.8. Determinação do rácio

O rácio (r) é a quantidade média de resíduos domésticos em quilogramas produzidos por habitante e por dia nos agregados familiares dos municípios da cidade. Os cálculos basearam-se, portanto, na quantidade média de resíduos em cada município, na população média de habitantes que produzem resíduos em cada município e no número de dias (2 dias) correspondente ao período de produção de resíduos nos agregados familiares.

Para determinar o rácio, foi utilizada a seguinte fórmula (**Adamou, 2021**):

$$r = Q*P *n-1 -1$$

Ou :

r: rácio em kg/capita/d

Q: quantidade total de resíduos domésticos em kg

P: população de referência que produziu a quantidade Q de resíduos por habitante

n: número de dias correspondente à produção da quantidade Q de resíduos domésticos

Tabela 3: Rácios de gestão de resíduos por comuna em Kg/hbt/dia em Bamako (Adamou, 2021).

Ratios des OM par commune en Kg/hbt/jour			
Communes	Production moyenne d'ordures générées par un ménage dans une commune (en Kg) pendant les 2 jours	Habitants par ménage	Ratios Kg/hbt/jour
Commune I	15,51	24	0,31
Commune II	10,52	17	0,30
Commune III	9,63	20	0,23
Commune IV	14,78	22	0,33
Commune V	9,92	18	0,26
Commune VI	11,16	21	0,26
Moyennes	11,92	20	0,28

2.1.9. Sistema de recolha de resíduos domésticos e similares

A recolha é o conjunto das operações que consistem em retirar os resíduos das suas fontes de produção (habitações, depósitos de trânsito) e em transportá-los para os centros de tratamento.

A cadeia de gestão de resíduos domésticos e similares é apresentada na Figura 2.

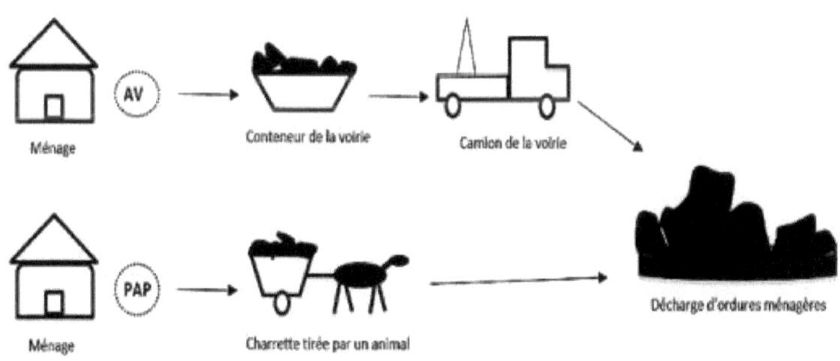

Figura 2: diagrama descritivo da organização da gestão dos resíduos domésticos em Bamako (Adamou, 2021).

2.1.10. Gestão e tratamento de resíduos :

A gestão e o tratamento de resíduos são definidos como : A recolha, o transporte, o tratamento-recuperação e a eliminação de resíduos e, mais amplamente, qualquer atividade envolvida na organização do manuseamento de resíduos desde a sua produção até ao seu tratamento final, seja sólido, líquido ou gasoso, e cada um tem o seu canal específico e, claro, o tipo de resíduos (Zedam e Laraba, 2019).

Em Bamako, o saneamento é visto como um processo, organizado em 3 fases ou São estes os "elos": o elo a montante (recolha dos resíduos), o elo intermédio (evacuação) e o elo a jusante (tratamento, eliminação ou eventual valorização destes resíduos). (Adamou, 2021).

2.2. Definição de lixiviado de aterro :

O lixiviado é definido como a água que percola através dos resíduos, ficando bacteriológica e quimicamente carregada de substâncias minerais e orgânicas - é "o sumo do lixo" (Djahida, 2016). A composição dos resíduos depositados em aterro, o seu grau de decomposição, o seu teor de humidade e a idade do aterro são os principais parâmetros que influenciam a composição dos lixiviados. A produção maciça de lixiviados cria riscos de poluição do solo, dos rios e das águas subterrâneas (Djahida, 2016). A Figura 3 mostra os componentes de um balanço hídrico

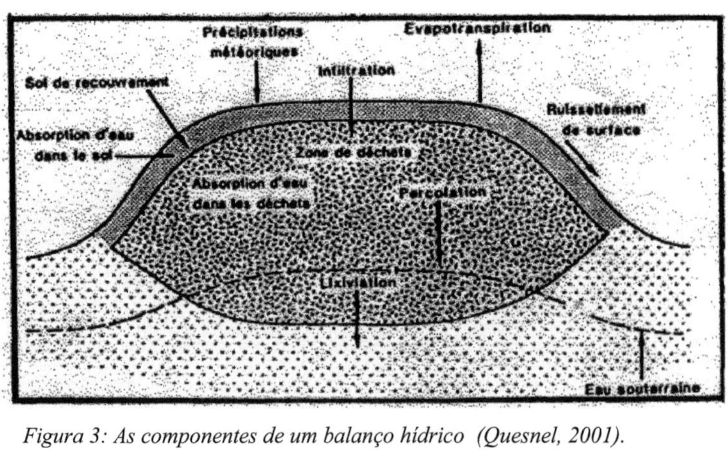

Figura 3: As componentes de um balanço hídrico (Quesnel, 2001).

Estes fenómenos são a precipitação, o escoamento superficial, a infiltração e a percolação,
evaporação e a capacidade de armazenamento do solo ou dos resíduos (Kamissoko e Facourou,
1994). Uma parte da precipitação é evacuada pelo escoamento superficial, outra parte é devolvida à atmosfera pela evapotranspiração do solo e das plantas, enquanto a restante é absorvida pelo solo sobrejacente. Quando a capacidade de retenção do solo excede o seu nível ótimo, a água percola para os resíduos. O mesmo fenómeno ocorre nos resíduos: quando o teor de humidade dos resíduos excede a sua capacidade de retenção, a água percola no solo subjacente e chega depois ao sistema de recolha sob a forma de lixiviados (Quesnel, 2001).

2.3 Organização política e administrativa

De acordo com a Portaria n°78-32/CMLN de 18 de agosto de 1978, o Distrito era simultaneamente uma divisão administrativa do Estado, situada ao mesmo nível hierárquico que a região, e uma autoridade descentralizada com personalidade jurídica e autonomia financeira (Diakité et *al*, 2018).

Quadro jurídico

O preâmbulo da Constituição afirma que o povo soberano está empenhado em melhorar a qualidade de vida e em proteger o ambiente e o património cultural.

O artigo 15° também estabelece que todos têm direito a um ambiente saudável. A proteção do ambiente, a defesa do ambiente e a promoção da qualidade de vida são um dever de todos e do Estado (Diakité et *al*, 2018).

Foi aprovada legislação específica para regulamentar o sector:

- Portaria 69/DB de 19 de junho de 1990 que cria a DSUVA ;
- Portaria N°70/DB de 30 de agosto de 1989 que cria a Brigada de Proteção do Ambiente Urbano (BUPE) ;
- Carta circular n° 0010/DB-GD, de 9 de março de 1993, relativa à regulamentação dos organismos de recolha no distrito de Bamako;

- A Lei 95-034 AN-RM, de 12 de abril de 1995, relativa ao Código das Autarquias Locais, alterada pela Lei 98-010, de 19 de junho de 1998, define as competências das autarquias locais em matéria de ambiente;
- Lei 96-025 de 21 de fevereiro de 1996 relativa ao estatuto especial do distrito de Bamako e das suas comunas;
- Decreto n.º 03-594/P-RM, de 31 de dezembro de 2003, relativo aos Estudos de Impacto Ambiental (EIA)
- Arrêté N°1/CD-GD du 23 janvier 1986 portant institution des plans types de puisards et latrines dans le périmètre du District de Bamako ;
- Arrêté N°22/CD-GD, de 10 de junho de 1982, sobre o regulamento de polícia relativo à higiene pública e ao saneamento no distrito de Bamako;
- A adoção em 2008 do novo texto sobre a organização, o funcionamento e o quadro orgânico da DNACPN e dos seus serviços descentralizados (DRACPN, SACPN).
- Decreto n.º 2014-0572/P-RM, de 22 de julho de 2014, que especifica as competências transferidas do Estado para as autarquias locais no domínio do saneamento e da luta contra a poluição e os incómodos.

Para além dos textos, o saneamento baseia-se em políticas e estratégias (Diakité et *al*, 2018):

- A Estratégia Nacional para os Resíduos Sólidos,
- A Estratégia Nacional para os Resíduos Especiais,
- A Estratégia Nacional para a Transferência de Competências em Saneamento.

Legislação nacional

A Constituição do Mali

A Constituição de 25 de fevereiro de 1992 demonstrou a determinação do Mali em proteger o ambiente e a qualidade de vida. Criou o direito dos cidadãos a um ambiente saudável e fez da proteção do ambiente um dever de todos os cidadãos, bem como do Estado.

Lei n°01-020/AN-RM, de 30 de maio de 2001, relativa à poluição e aos incómodos.

Artigo 16°: Qualquer pessoa singular ou colectiva, pública ou privada, que exerça uma atividade que constitua uma fonte de poluição ou que possa constituir um perigo para os recursos hídricos e a higiene do ambiente, deve tomar todas as medidas adequadas para limitar ou prevenir o perigo constatado ou presumido.

Todos os poluidores devem suportar os custos das suas actividades poluentes.

Lei n°96-050/AN-RM sobre o princípio de criação e gestão do domínio das colectividades locais.

Artigo 11°: As autoridades locais são responsáveis pela gestão, desenvolvimento, conservação e salvaguarda do equilíbrio ecológico do seu domínio.

Para o efeito, elaboram um plano de desenvolvimento regional que especificará, nomeadamente: a silvicultura, a agricultura, a pastorícia, a fauna e a flora selvagens, a piscicultura, a exploração mineira e a habitação.

Decreto n.° 01-397/P-RM, de 06 de setembro de 2001, que estabelece as modalidades de gestão dos poluentes atmosféricos.

Artigo 25°: As disposições do presente decreto aplicam-se a qualquer dispositivo motorizado cujo funcionamento gere na atmosfera gases, fumos ou outras substâncias susceptíveis de incomodar o público ou de comprometer o ambiente, a saúde pública ou a segurança pública.

Decreto n.° 01-394/P-RM, de 06 de setembro de 2001, que estabelece os procedimentos de gestão de resíduos sólidos.

Artigo 4.°: Qualquer pessoa cuja atividade produza resíduos sólidos ou os detenha em condições susceptíveis de prejudicar a saúde humana ou animal e de ter efeitos negativos sobre o solo, a flora ou a fauna, de provocar a degradação de sítios e paisagens ou de poluir o ar ou a água ou de dar origem a odores ou incómodos visuais, é obrigada a proceder à sua eliminação de acordo com as disposições do presente decreto.

Decreto n.° 08-346/P-RM, de 26 de junho de 2008, relativo aos estudos de impacto ambiental e social.

Artigo 2°: O objetivo da avaliação do impacto ambiental e social é :
a prevenção da degradação ambiental e da deterioração da qualidade de vida das pessoas em resultado dos projectos; a redução e/ou reparação dos danos causados ao ambiente através da aplicação de medidas destinadas a atenuar, compensar ou corrigir os efeitos nocivos dos projectos; a otimização do equilíbrio entre o desenvolvimento económico, social e ambiental; a participação das pessoas e organizações interessadas nas várias fases dos projectos; o fornecimento das informações necessárias para a tomada de decisões.

Decreto n.° 07 135 P-RM, de 16 de abril de 2007, que estabelece a lista dos resíduos perigosos.

Artigo 1°: Os seguintes resíduos são classificados como resíduos perigosos: substâncias e artigos que contenham ou estejam contaminados por bifenilos policlorados (PCB), terfenilos policlorados (PCT) e resíduos que contenham berílio e seus compostos; compostos de crómio hexavalente, cádmio e seus compostos; mercúrio e seus compostos; chumbo e seus compostos.

Artigo 2°: A importação, armazenagem, trânsito, oferta ou venda, aquisição ou transferência a título oneroso ou gratuito, posse, transformação, destruição, neutralização e eliminação de resíduos perigosos provenientes de outros países são proibidos e puníveis de acordo com a legislação em vigor.

Lei n°02-006/AN-RM de 31 de janeiro de 2002 sobre o código da água.

Artigo 16°: Qualquer pessoa singular ou colectiva, pública ou privada, que exerça uma atividade que constitua uma fonte de poluição ou que possa constituir um perigo para os recursos hídricos e a higiene do ambiente, deve tomar todas as medidas adequadas para limitar ou prevenir o perigo constatado ou presumido.

Todos os poluidores devem suportar os custos das suas actividades poluentes.

Legislação internacional

Para além da legislação nacional, o Mali assinou e ratificou várias convenções internacionais, algumas das quais têm um impacto na gestão da qualidade ambiental:

-A Convenção de Basileia sobre o Controlo dos Movimentos Transfronteiriços de Resíduos Perigosos e sua Eliminação, Consciente dos danos que os resíduos perigosos e outros resíduos e os movimentos transfronteiriços desses resíduos podem causar à saúde humana e ao ambiente, esta Convenção estabelece medidas a tomar para garantir que a gestão dos resíduos perigosos, incluindo os seus movimentos transfronteiriços e a sua eliminação, sejam compatíveis com a proteção da saúde humana e do ambiente. A transferência de resíduos perigosos do Mali para outros países exige notificação de acordo com as disposições da Convenção. A eliminação deve ser efectuada de uma forma ambientalmente correta, ou seja, em conformidade com as normas de descarga. Adoptada em Basileia, em 22 de março de 1989, esta Convenção foi ratificada pelo Mali em 15 de setembro de 2000 (regulamenta a importação e a exportação de resíduos perigosos, a sua recuperação e eliminação de forma ambientalmente correta). Datada de 1992 e com secretariado em Genebra, conta atualmente com 168 Estados membros. O que aconteceu na Costa do Marfim, com a importação e o despejo de resíduos tóxicos, mostrou que ainda há muito a fazer neste domínio. Muitos países não dispõem nem dos mecanismos de controlo necessários nem das instalações técnicas para eliminar os resíduos perigosos sem pôr em perigo a saúde humana e o ambiente. A Convenção não dispõe de um mecanismo de financiamento (Maiga, 2018).

A Convenção de Basileia estabelece uma lista de categorias de resíduos supostamente perigosos (resíduos biomédicos, PCB, etc.) e uma lista de resíduos com constituintes claramente identificados (mercúrio, chumbo e amianto). Tendo em conta estas caraterísticas, pode dizer-se que os poluentes atmosféricos são abrangidos pelo âmbito de aplicação da Convenção. Para a sua aplicação, cada parte pode exercer o seu direito de proibir a importação de resíduos perigosos e decidir pôr termo a movimentos de resíduos não autorizados. Em 22 de setembro de 1995, foi adoptada uma alteração à Convenção, proibindo todas as transferências de resíduos perigosos de países da OCDE para países não-OCDE para eliminação final. Esta emenda proibia igualmente, a partir de 1 de janeiro de 1998, todas as transferências de resíduos destinados a recuperação, reciclagem, reutilização, remediação ou outras utilizações alternativas (Diop et al, 2014).

-A Convenção de Bamako sobre a Proibição da Importação para África e o Controlo dos Movimentos Transfronteiriços de Resíduos Perigosos foi adoptada em Bamako a 31 de janeiro de 1991 e ratificada pelo Mali a 21 de fevereiro de 1996. Tal como a Convenção de Basileia, a Convenção de Bamako ajuda a prevenir o tráfico ilegal de resíduos perigosos em todo o continente africano. Recomenda a utilização de tecnologias ambientalmente corretas para a eliminação de resíduos perigosos.

Esta Convenção tem uma vocação regional e o seu âmbito de aplicação é por vezes mais vasto do que o da Convenção de Basileia.

A OUA considerou necessário adotar um acordo que regulamentasse o movimento transfronteiriço de resíduos perigosos em África. A redação da Convenção de Basileia não parecia suficientemente clara e firme para satisfazer as expectativas dos membros da Organização de Unidade Africana (OUA). A Convenção de Bamako, que foi assinada em 30 de janeiro de 1991 e entrou em vigor em 22 de abril de 1998, proibiu a importação para África de resíduos perigosos e radioactivos provenientes de partes não contratantes. Submete assim os movimentos no continente africano a um sistema semelhante ao definido pelos procedimentos da Convenção de Basileia (Maiga, 2018).

III. MATERIAIS E MÉTODOS

3.1 Equipamento

3.1.1. Local de estudo :

Situado entre 12°38' de latitude norte e 7°59' de longitude oeste, o distrito de Bamako cobre uma superfície de cerca de 267 km^2 e estende-se 22 km de oeste para leste e 12 km de norte para sul, de cada lado do rio Níger. Está dividida em duas margens principais e tem um clima sudanês. A sua população está estimada em 2.347.780 habitantes (DRPSIAP-DB, 2014), o que representa uma densidade de 8.932 habitantes por km^2. A cidade produz cerca de 1.400 toneladas de resíduos domésticos por dia, ou seja, 0,6 kg por habitante (Mairie du District de Bamako, 2014) (Outtara et *al*, 2017).

Quadro 4: Repartição da população residente e dos agregados familiares por município.

Distrito de	Número de	Número	Número de	População

Bamako	Agregados familiares	Homens	Mulheres	Total
Comuna I	52 943	168 348	167 059	335 407
Comuna II	25 532	80 272	79 533	159 805
Comuna III	19 977	63 854	65 018	128 872
Comuna IV	49 210	149 840	150 245	300 085
Município V	64 078	208 075	206 593	414 668
Comuna VI	76 436	238 506	231 763	470 269
Total	**288 176**	**908 895**	**900 211**	**1 809 106**

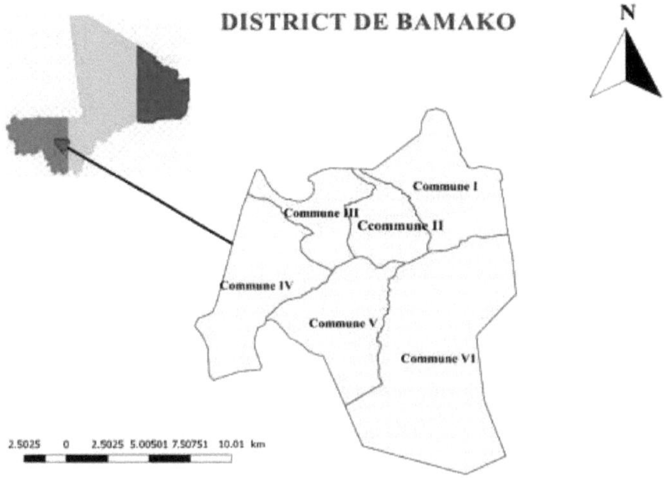

Figura 4: Mapa do distrito de Bamako (Doucoure, 2023)

O Distrito de Bamako assenta num leito rochoso de granito gnáissico e xistoso coberto por sedimentos de arenito. A parte superior destes sedimentos é fissurada e a parte subjacente não fissurada parece constituir uma formação impermeável que representa a base ou substrato do aquífero (Aboubacrine, 1991).

O rio cortou mais ou menos profundamente os xistos e granitóides do leito rochoso e a cobertura sedimentar. Os depósitos aluvionares ocupam o leito principal do rio; os depósitos recentes preenchem as depressões do leito do rio após cada cheia.

Existem dois tipos de formação de superfícies (Diakité et *al*, 2018):

- Solos resultantes da meteorização e lateritização de rochas.

- Formações aluviais que ocupam os leitos maiores e menores do rio e dos seus afluentes.

Em Bamako, a estação seca decorre de novembro a abril e a estação das chuvas de maio a outubro. A variação mensal do número de dias de chuva varia entre 0 e 24 dias, com o máximo a ocorrer em agosto. A precipitação anual varia entre 722,6 mm e 1499,5 mm de 1936 a 1991, com uma média de 1100 mm (Diakité et *al*, 2018). Apesar de se situar na zona norte do Sudão, Bamako registou 1.499,5 mm de chuva em 1967. No entanto, as últimas décadas de desertificação resultaram numa redução da precipitação. A temperatura média anual é de 27,6°C, com médias extremas de 34,8°C e 21°C (Diakité et *al*, 2018).

3.1.2. Equipamento utilizado :

Foi utilizada uma série de equipamentos durante o estudo, incluindo a localização do local, a caraterização dos resíduos, a análise do solo, a análise físico-química e a análise de metais pesados nos lixiviados e nas águas subterrâneas em torno do aterro:

- Foi utilizado um telemóvel (Samsung SM-G960W) para recolher dados GPS Proget WGS84;
- Uma garrafa de plástico com uma capacidade de 330 litros e 1,5 litros foi utilizada para armazenar lixiviados e água de poço;
- Foi utilizada uma bureta para as diferentes dosagens,
- Foi utilizada uma balança analítica eletrónica Sartorius TE124S para pesar amostras de 120 g ou menos, com uma precisão de 0,0001 g no visor (Figura 5);
- Foi utilizada uma balança mecânica para pesar amostras com mais de 120 g (Figura 6);

Figura 5: Balança eletrónica TE 1245 *Figura 6: Balança mecânica*

- Foi utilizado um forno de carbolite para secar as amostras de solo e o solo foi separado dos resíduos (Figura 7);
- Foi utilizado um aparelho de XRF NITON XL3t GOLDD++ (Thermo Scientific) para determinar a composição mineral do material (solo e solo selecionado a partir de resíduos) (Figura 8);

 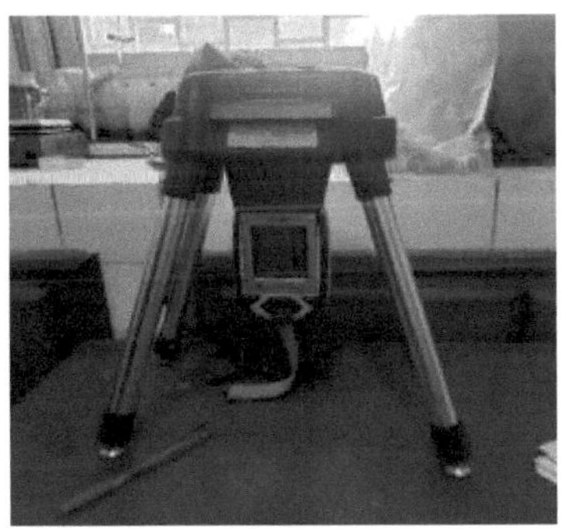

Figura 7: Forno de carbolite Figura 8: Analisador XRF da Niton

- Foi utilizado um medidor de pH HANNA HI2209 para medir o pH (figura 9);

- Foi utilizado um condutivímetro HANNA HI8633 para calcular a condutividade (figura 10);

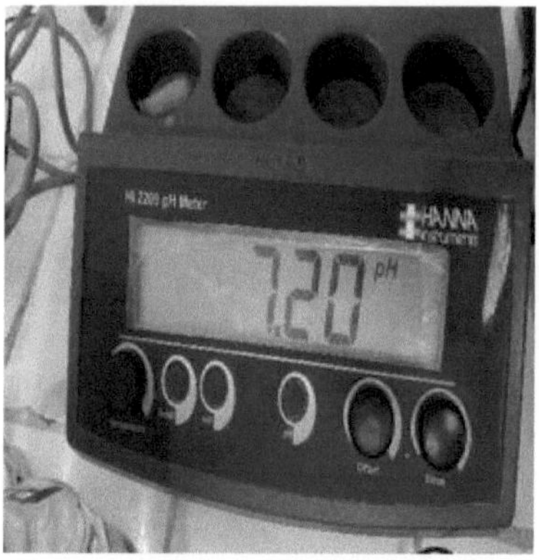

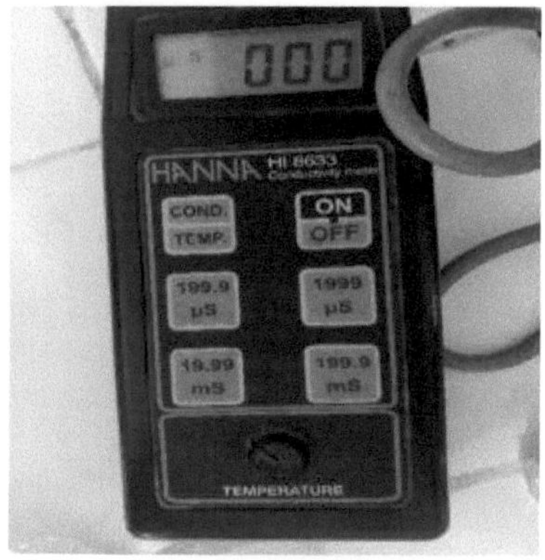

F igura 9: Medidor de PH HI2209 (HANNA) Figura 10: Condutímetro HI8633 (HANNA)

- Foi utilizado um turbidímetro HANNA HI 98703 para calcular a turbidez (Figura 11);
- Foi utilizado um espetrofotómetro UV-VIS para calcular certos compostos físico-químicos (TA, $SO4^{2-}$, NO^{3-}, NO^{2-}) (figura 12);

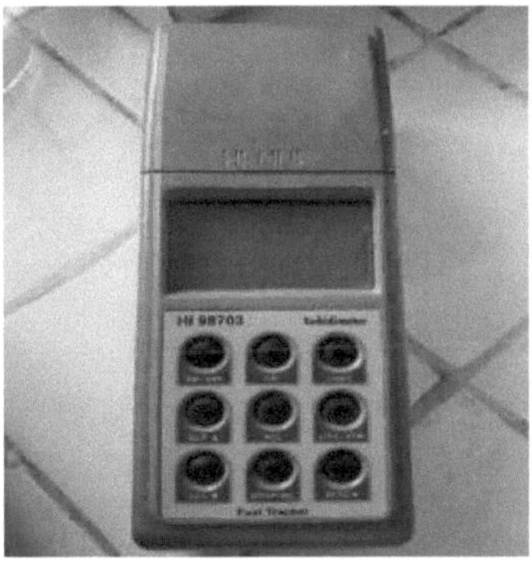

Figura 11: Turbidímetro HI 98703 (HANNA) Figura 12: Espectrofotometria UV

- Foi utilizado um espetrofotómetro de chama Agilent Technologies 4210 MP-AES para analisar os metais pesados nos lixiviados e na água do poço (F, Pb, Cd, Se, Si, K, As, Zn, etc.) (Figura 13);

Figura 13: Espectrofotómetro de chama Agilent Technologies 4210

- As puisettes eram utilizadas para tirar água dos poços (Figura 14);

Figura 14:

- Foram também utilizados alguns pequenos equipamentos de laboratório: picette, papel de filtro, luva, bolbo, copo, tubo de ensaio, pipeta, etc.

3.1.3 : Reagentes :

Os reagentes utilizados são :

- HCl, fenolftaleína 1%, heliantina, estes reagentes foram utilizados para as análises de TA e TAC;
- Foram utilizados EDTA, solução de hidróxido de sódio e tampão de amoníaco pH 10 para as análises de dureza total (Mg^{2+}, Ca^{2+}) e cálcio ($Ca^{(2+)}$));
- Para a análise dos cloretos ($Cl^{-)}$, foram utilizadas soluções de nitrato de prata 0,025mo/L, cromato de potássio ou bicromato de potássio a 10%;
- HCl 10% e cloreto de bário foram utilizados para a análise de iões sulfato (SO_4^{2-});
- Para a análise dos nitritos (NO_2^-) e dos nitratos ($NO_3^{-)}$, utilizou-se amoníaco puro, reagente de Zambeli, solução de salicilato de sódio a 0,5%, NaCl a 1% e solução de duplo tartarato de sódio e potássio;
- Cloreto de hidroxilamina 10% e fenantrolina 0,42%, utilizados para a análise de Fe^{2+}

3.2 Método :

3.2.1. Pesquisa bibliográfica

A pesquisa documental consistiu na pesquisa e consulta de livros, teses, dissertações universitárias, relatórios e artigos científicos relacionados com o tema. Foram também utilizadas fontes da Internet. Este trabalho permitiu-nos conhecer melhor o assunto. Fazer um inventário dos diferentes depósitos de trânsito (autorizados e não autorizados) no distrito de Bamako e caracterizá-los. Entre os diferentes entrepostos de trânsito de Bamako, selecionámos três entrepostos oficiais (Medina-coura, Dar-salam e Lafiabougou) e um entreposto não autorizado (Badalabougou).

Escolha dos sítios

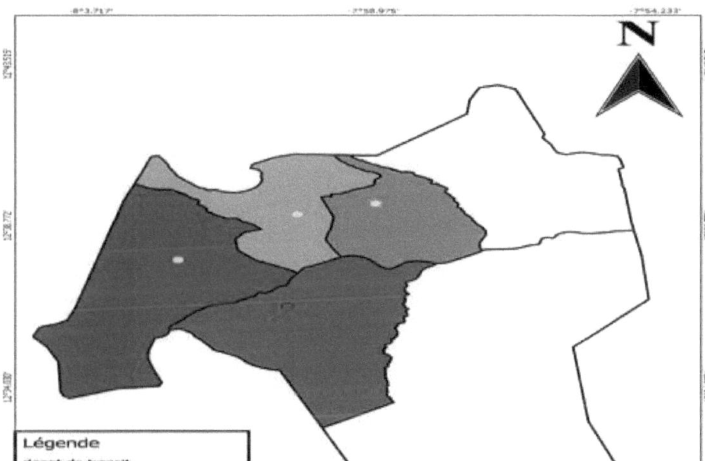

Figura 15: Locais de depósito de trânsito nas diferentes comunas do distrito de Bamako (por Ousmane Doucoure 17/03/2023)

3.2.2 Inventário dos diferentes depósitos de trânsito em Bamako:

Comuna I: A comuna não dispõe de depósitos de trânsito oficiais. No entanto, dispõe de dois depósitos de trânsito não autorizados, em Banconi e Doumanzana. Trinta e três

(33) MPEs recolhem diariamente os resíduos da comuna com meios de bordo para convergir para o depósito de trânsito da PCP (Diakité et *al*, 2018).

Comuna II: O único depósito de trânsito é o CFP, que recebe a maior parte dos resíduos de vários bairros das comunas 1 e 2. Todos os dias, é literalmente invadido por resíduos comerciais (produtos agrícolas e domésticos). Devido à sua grande atividade, encontra-se em avançado estado de degradação. Cinquenta e três (53) MPEs formais são contadas todos os dias em torno do depósito, incluindo 23 para a comuna II (Diakité et *al*, 2018).

A figura 16 mostra uma imagem de satélite do aterro sanitário de Médina-coura

Figura 16: Imagem de satélite do aterro sanitário de Médina-coura, Google Earth, imagens de 01/01/2023

Comuna III: O único depósito de trânsito bem equipado e em conformidade com as normas em termos de tempo de armazenagem do lixo é o de Dar Salam. Um segundo depósito de trânsito em Samé está equipado mas não está operacional. O número de MPEs que trabalham com a Câmara Municipal é de onze (11) para cerca de vinte bairros (Diakité et *al*, 2018).

A figura 17 mostra a imagem de satélite do aterro sanitário de Dar-salam

Figura 17: Imagem de satélite do aterro sanitário de Dar-salam, Google Earth, imagens de 01/01/2023

Comuna IV: Vinte e oito (28) MPE colaboram com a Câmara Municipal na gestão dos resíduos, mas devido ao facto de vários grupos já não estarem operacionais, não conseguem satisfazer as necessidades de eliminação dos resíduos da cidade. Existem quatro (04) depósitos de trânsito autorizados (LAFIABOUGOU-cimetière, le luxambourg, Sébéninkoro -flanc colline, Kalabambougou), o maior dos quais está atualmente em desenvolvimento: LAFIABOUGOU- CIMETIERE, onde chegam diariamente 500 000 m3 de resíduos. Atualmente, todas as atenções estão centradas neste local (Diakité et *al*, 2018). A Figura 18 mostra uma imagem de satélite do aterro sanitário de Lafiabougou.

Figura 18: Imagem de satélite do aterro sanitário de Lafiabougou, Google Earth, imagens de 01/01/2023.

Comuna V: Tal como noutras comunas, o saneamento continua a ser uma preocupação importante para a população local. A gestão dos resíduos é assegurada principalmente pelas MPE que efectuam a recolha prévia nos diferentes bairros, mas o seu equipamento não responde às necessidades da comuna. Existem 45 MPE que trabalham com base numa zonagem comunal. A comuna não dispõe de depósitos de trânsito autorizados (Diakité et *al*, 2018). A figura 19 mostra imagem de satélite do aterro sanitário de Badalabougou.

Figura 19: Imagem de satélite do aterro sanitário de Badalabougou, Google Earth, imagens de 01/01/2023.

Comuna VI: A comuna não tem depósitos de trânsito e os muitos depósitos não controlados continuam a ser alimentados. As 29 MPE mais ou menos funcionais não cobrem as necessidades de eliminação dos resíduos. Há falta de depósitos de trânsito e os depósitos existentes não estão equipados nem autorizados. Dos 52 depósitos existentes, apenas Dianeguela foi autorizado. Este local foi anexado à construção do Palais des Pionniers após a evacuação de 52 000 m3 de resíduos (DNACPN), graças aos esforços conjuntos do Ministério do Ambiente e do Conselho Distrital (Diakité et *al*, 2018).

3.2.3. Amostragem :

A nossa amostragem consistiu na recolha de amostras nos diferentes entrepostos de trânsito (autorizados e não autorizados). Durante o nosso processo de amostragem, amostras foram retiradas aleatoriamente dos três depósitos de trânsito autorizados (Medina-coura, Dar-Salam, Lafiabougou) e de um depósito não autorizado situado na colina de Badalabougou. Para cada depósito, obtivemos as coordenadas GPS Proget WGS84.

Os resultados são apresentados no quadro seguinte:

Quadro 5: Coordenadas geográficas dos quatro aterros objeto de amostragem.

Município	Depósitos de trânsito	Latitude	Longitude	Altitude em (m)
Comuna II	Medina-Coura CFP	12.65794348	-7.99282225	326.32
Comuna III	Dar-Salam	12.65035323	-8.00700090	337.43
Comuna IV	Lafiabougou	12.62227620	-8.03873028	368.67
Município V	Badalabougou	12.60689359	-7.99210088	411.88

3.2.3.1.Recolha de resíduos sólidos e de solos dos aterros sanitários

A nossa fase de recolha de amostras de resíduos sólidos e de solo teve início às de sábado, 5 de outubro de 2022. Durante esta fase, recolhemos manualmente cerca de 2 kg de resíduos sólidos e 2 kg de solo em sacos de plástico. As amostras de solo foram recolhidas perto do aterro sanitário, desde a superfície do solo (acima do nível natural do solo) até uma profundidade de 30 cm. A triagem dos resíduos domésticos permitiu-nos obter as caraterísticas reais do estado bruto dos resíduos.

As amostras recolhidas foram analisadas no centro de medição FST/USTTB.

- Os resíduos sólidos foram selecionados por categoria. Cada categoria foi pesada em balanças mecânicas e electrónicas e os dados foram registados no caderno. Os artigos classificados por categoria são apresentados no quadro 7 ;
- Os solos foram analisados para verificar a composição dos metais pesados que os contaminam, utilizando um aparelho chamado XRF.

Figura 20: Imagem das amostras de solo recolhidas; (foto, crédito Doucoure)

Figura 21: Imagem das amostras de resíduos recolhidas; (foto, crédito Doucoure)

3.2.3.2. Recolha de lixiviados e de água do poço

A amostragem dos lixiviados e das águas subterrâneas foi efectuada manualmente. Durante este processo de amostragem, foram recolhidas amostras de lixiviados e de água dos poços. Recolhemos aproximadamente um litro de lixiviado dos aterros e um litro dos poços que circundam os aterros. As amostras de lixiviados e de água dos poços foram recolhidas em garrafas de polietileno de 330 ml e 1500 ml. A água dos poços foi recolhida utilizando pias de poços colocadas nos passeios dos poços. Foi recolhido um total de 22 poços.

Figura 22: amostras de lixiviados recolhidas. *Figura 23*: amostras de poços recolhidas.

Quadro 6: Coordenadas geográficas dos poços retirados dos aterros sanitários.

Depósito de trânsito	Amostras	Latitude	Longitude	Altitude (em m)	Distâncias dos poços de resíduos em (m)
Medina-coura	PM1	12,65740962	-7,99275774	372,87	20
	PM2	12,65815061	-7,99278586	369,4	5
	PM3	12,65744154	-7,99208820	376,23	9
	PM4	12,65722263	-7,99165104	360,79	18
	PM5	12,65761164	-7,99266508	360,32	10
	PM6	12,65579170	-7,98946723	368,35	328
Dar Salam	PD1	12,65052217	-8,00712196	367,41	17

	PD2	12,65088543	-800687359	377,37	43
	PD3	12,65077924	-8,00679113	368,68	50
	PD4	12,65064933	-8,00649134	367,37	48
Lafiabougou	PL1	12,62222052	-8,03781434	365,02	46
	PL2	12,62292463	-8,03801369	359,22	7
	PL3	12,62291478	-8,03815627	356,11	17
	PL4	12,62324546	-8,03942100	374,23	13
	PL5	12,62326252	-8,03968434	367,98	15
	PL6	12,62171405	-8,03872237	397,69	70
	PL7	12,62178346	-8,03767082	363,13	103
	PL8	12,62606130	-8,03759041	385,02	326
Badalabougou	FB1	12,60689359	-7,99210088	411,88	184
	PB1	12,61246409	-7,99484495	375,33	530
	PB2	12,61365832	-7,99362723	358,64	588
	FB2	12,60884032	-7,99122945	403,82	80

As figuras 24, 25, 26 e 27 mostram os pontos dos aterros e dos poços amostrados nas diferentes comunas (Medina-coura, Dar-salam, Lafiabougou e Badalabougou).

Figura 24: Poços amostrados perto dos depósitos de trânsito da PCP de Medina-coura, (Google Earth 02/01/2023

Figura 25: Poços amostrados perto dos depósitos de trânsito de Dar-salam, Google, (Earth 02/01/2023).

Figura 26: Poços recolhidos perto dos depósitos de trânsito de Lafiabougou, Google (Earth 02/01/2023)

Figura 27Poços e furos recolhidos perto dos depósitos de trânsito de Badalabougou, Google (Earth de 02/01/2023)

● Locais de amostragem em depósitos de trânsito.

- Poços amostrados perto de depósitos de trânsito.

3.2.4. Análise de amostras

3.2.4.1. Caraterísticas físicas dos resíduos domésticos provenientes do aterro

As análises do solo e do solo selecionado dos resíduos foram efectuadas com um aparelho de XRF, após secagem das amostras numa estufa de carbolite a 105°C durante 24 horas.

3.2.4.2. Parâmetros físico-químicos dos lixiviados e das águas subterrâneas na proximidade de depósitos de trânsito no distrito de Bamako

- **Parâmetro físico**

a. pH: Potencial de hidrogénio

O pH (potencial hidrogeniónico) é uma das caraterísticas fundamentais da água. $^{+}$O pH é uma medida da acidez, ou seja, da concentração de iões de hidrogénio (H), ou da basicidade, ou seja, dos iões OH^- contidos na substância. Estes parâmetros foram medidos com um medidor de pH do tipo Hanna.

b. Condutividade (CE) :

A condutividade da água reflecte a sua capacidade de permitir a passagem de uma corrente eléctrica através dela. A maior parte das substâncias dissolvidas na água estão sob a forma de iões eletricamente carregados, pelo que a medição da condutividade é uma forma de avaliar a quantidade de sais dissolvidos na água. Por conseguinte, é lógico supor que quanto maior for o nível de mineralização, maior será a condutividade da água. A medição foi efectuada com um medidor de condutividade do tipo Hanna.

c. Turbidez :

A turvação reduz a transparência de um líquido. Por conseguinte, reflecte a presença de partículas em suspensão na água (detritos orgânicos, argila, microrganismos, etc.). A turbidez foi medida com um turbidímetro Hanna.

- **Parâmetro químico :**

a. Titulação alcalimétrica (TA) e Titulação alcalimétrica total (TAC):

A alcalinidade de uma água corresponde à presença de iões bicarbonato, carbonato e hidróxido. As medições foram efectuadas por potenciómetro e volumetria.

b. dureza total TH ($Ca^{2+}Mg^{2+}$) :

$^{++}$A dureza da água corresponde à soma das concentrações dos catiões metálicos, com exceção dos metais alcalinos (Na , K) e H+. $^{++++}$Na maioria dos casos, é principalmente devida aos iões Ca e Mg. A presença destes dois catiões na água tende frequentemente a reduzir a toxicidade dos metais, mas o seu excesso impede a formação de espuma com o sabão. A dureza é medida em mg de CaCO3 por litro. As medições foram efectuadas por potenciómetro e volumetria.

c. Determinação dos iões sulfato: SO_4^{2-}

Estes elementos foram determinados por espetrometria UV-visível.

d. Determinação dos iões nitrito (NO_2^-) :

Os nitritos (NO^-_2) são compostos indesejáveis na composição da água potável. A sua presença pode dever-se à oxidação incompleta do NH_4 ou à redução do NO_3^- presente na água. Estes elementos foram determinados por espetrometria UV-Visível.

e. Determinação dos iões nitrato: NO_3^-

Os iões $NO^{(3-)}$ são geralmente o resultado da nitrificação do azoto orgânico ou provêm da dissolução de fertilizantes. Estes elementos foram determinados por espetrometria UV-visível.

- **Metais pesados (Pb, Cr, Ferro, Zn e Cu, etc.)**

Os parâmetros foram determinados por espetrofotómetro de chama (absorção atómica).

NB: Para as análises dos lixiviados, diluímos as amostras a um décimo (1/10).

IV. RESULTADOS E DISCUSSÃO

4.1. Resultados

4.1.1. Composição física dos resíduos domésticos provenientes do aterro

Os resultados da triagem dos resíduos recolhidos nos diferentes aterros do distrito de Bamako são apresentados na Tabela 7 abaixo.

Os resultados da tabela 7 mostram que a madeira é a categoria de resíduos mais presente nos aterros de Bamako, com uma média de 347,75 g e uma percentagem de . Depois da madeira, os plásticos vêm em segundo lugar, com uma média de 341,64 g e uma percentagem de .

Tabela 7: Quantidades de vários elementos presentes nos resíduos domésticos provenientes de aterros, em gramas (g).

Amostras	**Medina-coura**	**Saudações**	**Lafiabougou**	**Badalabougou**	**Média**
Plásticos	400	211,51	335,05	420	341,64
Madeira	400	321	390	280	347,7
Tecidos	450	84,15	7,01	120	165,29
Pavimentos	220	100	800	200	330
Seixos	70	11,06	18,56	15,96	28,895
Óculos	300	0	4,27	0	152,135
Ossos	74	1,23	0	0	37,615
Documentos	400	100	300	90	222,5
Cabelo	360	0	3,04	0	181,52
Sucata metálica	590		0	20	305
Ovo	0	12,73	0	0	12,73
insectos mortos	0	0,68	0	0	0,68
Penas	0	4,04	0	0	4,04
Folha de alumínio	0	14,25	0	20,5	17,37

Borracha	0	1,68	0	90	45,84
Montantes	3364	831,33	1657,93	1045,96	1178,40

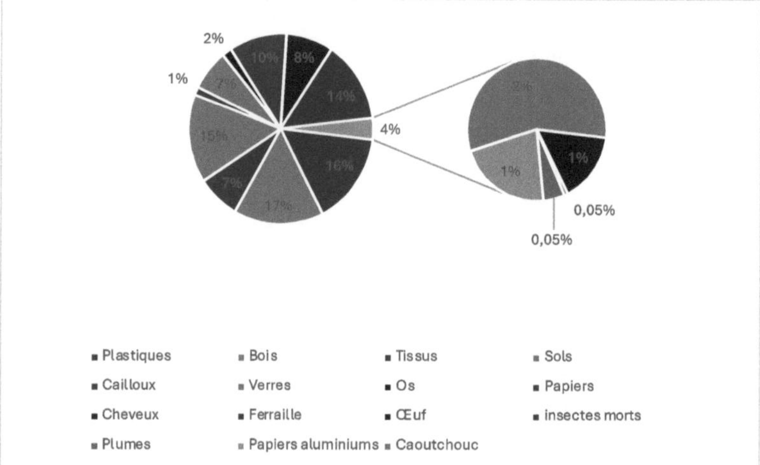

Figura 28: Percentagem da composição média dos resíduos domésticos no distrito de Bamako.

4.1.2. Caraterísticas dos metais pesados no solo e no solo selecionado a partir de resíduos

O quadro 8 mostra a composição mineralógica dos principais elementos no solo e no solo selecionado dos resíduos provenientes dos vários depósitos de trânsito. A tabela mostra uma carga elevada de Fe_2O_3 e CaO com valores de Fe_2O_3 variando de 1,98% a 5,03% e uma média de 3,de CaO com valores variando de 0,79% a 6,65% com uma média de 8,45%

A Tabela 9 mostra o teor de oligoelementos do solo estudado. Os níveis de crómio (Cr), zinco (Zn), cádmio (Cd), chumbo Pb) e cobre (Cu) são mais elevados do que nos normais e comuns. Este facto explica a presença de elementos metálicos vestigiais no solo. A análise destes valores mostra que os resíduos são uma das principais fontes de contaminação do solo por metais pesados. Os resíduos não selecionados podem infiltrar-se no solo através dos aterros e contaminar o lençol freático.

Quadro 8: Composição mineralógica dos principais elementos no solo e no solo selecionado de resíduos de vários depósitos de trânsito em percentagem (%)

Elementos	**Unidade**	**SM**	**SdM**	**SD**	**SdD**	**SL**	**SdL**	**SB**	**Casa de banho**	**Normas de pavimentos comuns**
Fe_2O_3	%	**4,23**	**2,32**	**1,98**	**1,71**	**3,59**	**4,22**	**5,38**	**5,03**	**1,085**
CaO	%	**6,65**	**8,77**	**4,61**	**20,92**	**4,65**	**5,62**	**7,88**	**8,51**	**1,91**
K_2O	%	1,15	0,79	1,26	**2,30**	0,53	1,07	1,17	1,15	**2**
SiO_2	%	11,78	11,03	12,23	5,16	15,99	11,54	11,30	7,62	
Al_2O	%	0,64	0,77	0,85	0,26	0,63	0,52	0,71	0,74	
MgO	%	0	0	0	0	0	0	0	0	**0,83**
Cr_2O_3	%	0,023	0,014	0,0073	0,0064	0,014	0,034	0,017	0,011	
P_2O_5	%	0,27	0,34	0,054	0,64	0,17	0,24	0,36	0,32	
TiO2	%	0,12	0,11	0,21	0,08	0,09	0,10	0,17	0,13	

Tabela 9: Composição mineralógica dos elementos menores no solo e no solo selecionado resíduos provenientes dos diferentes depósitos de trânsito em (ppm).

Elementos	**Unidade**	**SM1**	**SdM**	**SD**	**SdD**	**SL**	**SdL**	**SB**	**Casa de banho**	**Normas de pavimentos comuns**
S	**Ppm**	2384,83	1748,46	87,31	985,4	257,97	1485,79	1493,46	1059,6	
Cl	**Ppm**	1415,83	304,06	643,81	969,09	0	1784,39	1236,44	860,51	
V	**Ppm**	46,92	40,08	32,78	0	48,03	55,85	75,08	32,58	
Cr	**Ppm**	**161,21**	98,7	50,15	44,03	96,95	**234,79**	**123,26**	76,99	**100**
Mn	**Ppm**	200,98	102,43	252,96	637,26	0	211,23	324,76	0	
Cu	**Ppm**	**56,8**	23,18	0	**32,25**	0	0	**124,27**	**134,72**	**30**
Zn	**Ppm**	**354,68**	**234,91**	**93,9**	**214,33**	**91,36**	**111,53**	**403,77**	**402,94**	**50**
Como	**Ppm**	4,05	0	0	0	0	3,82	4,49	4,21	
Visitar	**Ppm**	1	1	1	1	1	1	1	1	
Rb	**Ppm**	31,47	11,75	20,29	25,93	7,35	12,34	15,58	15,42	
Sr	**Ppm**	233,72	173,09	146,26	471,44	89,74	108,32	194,58	178,26	
Zr	**Ppm**	173,71	105,52	367,31	231,51	98,61	123,92	111,69	124,92	

Nb	**Ppm**	7,36	2,92	14,99	7,52	3,43	3,77	4,55	3,98	
Mo	**Ppm**	1	1	1	1	1	1	1	1	
Ag	**Ppm**	5,95	0	0	0	0	3,42	3,71	0	
Cd	**Ppm**	5,72	0	6,72	0	0	0	0	0	
Sn	**Ppm**	0	0	14,06	0	0	0	0	0	
Sb	**Ppm**	0	0	9,64	0	0	0	10,78	0	
Ba	**Ppm**	438	206,64	147,02	579,05	193,04	257,29	216,97	255,34	
Pb	**Ppm**	**42,11**	**14,71**	6,01	7,14	0	**17,11**	**34,36**	**43,26**	**10**

NB: Os valores a negrito são valores que excedem a norma.

4.1.3. Parâmetros físico-químicos dos lixiviados

O quadro 10 apresenta os valores dos parâmetros físico-químicos dos lixiviados dos aterros (Medina-coura, Dar-salam, Lafiabougou e Badalabougou). Os resultados das análises físico-químicas são apresentados no quadro seguinte.

Na Tabela 10, os resultados mostram que o pH dos lixiviados varia de 7,33 a 7,96, com uma média de 7,59, o que está dentro dos limites de referência aceitáveis de 3,7 a 8,8. Isto está dentro dos limites de referência aceitáveis de 3,7 a 8,8, o que significa que o lixiviado do aterro recolhido nos vários depósitos de trânsito no distrito de Bamako é ligeiramente neutro a alcalino em termos de potencial de hidrogénio (pH). No entanto, os níveis de condutividade dos lixiviados são elevados, oscilando entre 16200 e 26000 µS/cm, com uma média de 21950 µS/cm. Este valor é muito superior à norma do Mali para a descarga de águas residuais, fixada em 2.500 µS/cm. Para além disso, a turbidez do lixiviado excede os 1000 NTU. Os níveis de sulfato variaram entre 24,92 e 226,72 mg/L, com uma média de 147,39 mg/L. A concentração de nitratos registada nos lixiviados é muito superior à norma máxima de descarga de águas residuais do Mali de 30 mg/L, variando entre 40,81 e 80,48 mg/L, com uma média de 64,02 mg/L. Por outro lado, a concentração de nitritos é baixa, com um valor médio de 0,013 mg/L. Apenas o aterro de Badalabougou apresentava um teor de sulfato muito elevado nos lixiviados dos quatro aterros, com um valor de 2492,24 mg/L. A norma do Mali para as descargas de sulfatos está fixada em 1000 mg/L. Além disso, os lixiviados contêm grandes quantidades de metais pesados, com valores de Cu, Pb e Al que excedem a norma aceite para descargas de águas residuais no Mali.

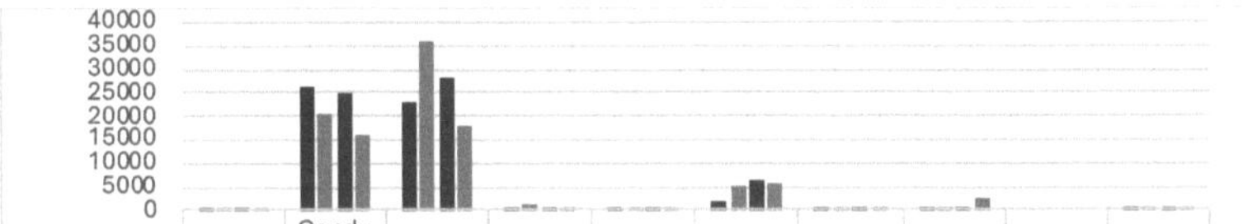

	pH	Conductivité	TAC	Mg2+	Ca2+	Cl-	Fe2+	SO4-	NO2-	NO3-
■ LixMC	7,33	26000	23000	926	720	1597,5	2,24	226,72	0,002	40,81
■ LixDS	7,5	20600	36000	1056	800	5325	5,89	121,55	0,016	80,48
■ LixLa	7,57	25000	28000	672	640	6212,5	3,23	216,37	0,022	66,4
■ LixBa	7,96	16200	18000	576	480	6035	4,9	2492,24	0,013	68,41

■ LixMC ■ LixDS ■ LixLa ■ LixBa

Figura 29: Variação dos lixiviados dos aterros (Medina-coura, Dar-salam, Lafiabougou, Badalabougou).

Quadro 10: Parâmetros físico-químicos dos lixiviados dos aterros (Medina-coura, Dar-salam, Lafiabougou, Badalabougou)

Parâmetro	**Unidade**	**Lix Medina-coura**	**Lix Dar-salam**	**Lix Lafiabougou**	**Lix Badalabougou**	**Norma de descarga do Mali**
pH	-	7,33	7,5	7,57	7,96	**6.5 - 9.5**
Condutividade	µS/cm	**26000**	**20600**	**25000**	**16200**	2500
Turbidez	NTU	>1000	>1000	>1000	>1000	
TA	-	0	0	0	0	
TAC	-	23000	36000	28000	18000	
$Mg2^{+}$	mg/L	926	1056	672	576	

$Ca2^{+}$	mg/L	720	800	640	480	
Cl^{-}	mg/L	**1597,5**	**5325**	**6212,5**	**6035**	1200
Fe^{2+}	mg/L	**2,24**	**5,89**	**3,23**	**4,9**	2
$SO4^{-}$	mg/L	226,72	121,55	216,37	24,92	1000
$NO2^{-}$	mg/L	0,002	0,016	0,022	0,013	0,6
$NO3^{-}$	mg/L	**40,81**	**80,48**	**66,4**	**68,41**	30
Visitar	mg/L	0	1,29	1,36	0	
Zn	mg/L	0,5	0,46	0,73	0,51	
Cd	mg/L	0	0	0	0	0,5
Sr	mg/L	0,49	1,2	1,4	0,62	
Ba	mg/L	0,52	0,55	0,67	0,39	
Cu	mg/L	0,05	**0,15**	**0,15**	**0,35**	0,1
Ni	mg/L	0,09	0,48	0,89	0,64	2
Como	mg/L	0	0	0	0	0,5
Pb	mg/L	**0,31**	**1,15**	**1,78**	**1,1**	0,2

Mn	mg/L	0,31	0,88	0,83	0,98	2
Cr	mg/L	0,07	0,42	0,26	1,1	2
Al	mg/L	0,11	**1,09**	**1,24**	**2,96**	1

4.1.4. Parâmetros físico-químicos de poços recolhidos em aterros sanitários

Os quadros 11, 12, 13, 14, 15, 16, 17 e 18 apresentam os resultados das análises físico-químicas e de metais dos poços que circundam os vários aterros de Bamako.

- **Medina-coura :**

A Tabela 11 mostra que o pH dos poços de Medina-Coura é ligeiramente ácido, com valores que variam entre 5,8 e 6,75, com uma média de 6,2. O Pm1 tem uma condutividade ligeiramente elevada, com um valor de 829, que está mais próximo da norma do Mali de 1500 mg/L do que os outros poços. A turvação no pm2 era mais elevada do que a norma, com 11 NTU. A concentração de nitritos em pm2, pm3, pm4 e pm5 é muito elevada, com valores que variam entre 0,39 e 1,43 mg/L. Estes valores são muito superiores à norma aceite no Mali, que é de 0,2 mg/L.
A tabela 12 mostra as concentrações de metais pesados na água dos poços. A análise revelou que os níveis de contaminação por selénio nos poços variavam entre 2,55 e 3,75 mg/L, com uma média de 3,22 mg/L, muito acima da norma do Mali de 0,01 mg/L. As concentrações de arsénico também eram elevadas, com valores que variavam entre 2,88 e 5,3 mg/L e uma média de 3,61 mg/L, o que excede a norma de 0,01 respetivamente. Os Pm1 e Pm6 apresentavam um teor muito elevado de chumbo, com valores que variavam entre 0,23 e 0,32.

Quadro 11: Parâmetros físico-químicos do poço Medina-coura (comuna II)

Parâmetro	Unidade	Pm1	Pm2	Pm3	Pm4	Pm5	Pm6
pH	-	6,75	6,24	6,18	5,8	6,47	6,57

Condutividade	µS/cm	892	3	2	108	851	320
Turbidez	NTU	5	**11**	3	1	1	4
TA	-	0	0	0	0	0	0
TAC	-	620	360	220	100	680	215
Mg^{2+}	mg/L	23,04	18,24	7,68	3,84	25,92	27,54
Ca^{2+}	mg/L	67,2	46,4	17,6	8	49,6	57,66
Cl^{-}	mg/L	79,87	47,92	49,7	51,47	111,82	62,11
Fe^{2+}	mg/L	0,011	0,007	0,001	0,034	0	0,002
SO_4^{2-}	mg/L	10,78	1,21	0	0	0	0
NO_2^-	mg/L	0	**1,43**	**1,38**	**0,67**	**0,39**	0,02
NO_3^-	mg/L	1,93	4,76	4,44	14,5	3,84	16,55

Tabela 12: Parâmetros de metais pesados nos poços de Medina-coura

Elementos	Unidade	Pm1	Pm2	Pm3	Pm4	Pm5	Pm6
Visitar	mg/L	**2,55**	**3,15**	**2,81**	**3,44**	**3,66**	**3,75**
Zn	mg/L	0,03	0,01	0,01	0,03	0,03	0,05
Cd	mg/L	0	0	0	0	0	0,01
Sr	mg/L	0,21	0,11	0,05	0,02	0,15	0,71
Ba	mg/L	0,26	0,05	0,06	0,03	0,18	0,16
Cu	mg/L	0	0	0	0	0	0
Ni	mg/L	**0,19**	**0,06**	**0,08**	0,02	**0,09**	0,19
Como	mg/L	**2,88**	**3,03**	**2,61**	**3,57**	**4,3**	**5,3**
Co	mg/L	0,38	0,49	0,05	0,46	0,54	0,13
Pb	mg/L	**0,23**	**0,15**	**0,09**	0	0	**0,32**
K	mg/L	44,58	18,87	16,07	4,34	53,22	98,05
Mo	mg/L	0	0	0	0	0	0
Mn	mg/L	0,03	0	0	0	0,01	0,22

Cr	mg/L	0	0	0	0	0	0
Al	mg/L	0	0	**0,28**	0,07	0,01	0,13

- **Dar-salam :**

Com base nos resultados da Tabela 13, podemos ver que o pH dos poços amostrados em Dar-salam é ligeiramente ácido, com valores que variam de 6,15 a 6,6 e uma média de 6,37. A concentração de nitrato de pd1, pd2, é um pouco elevada com um valor que varia entre 25,05 e 35,15 mg/L. Este último valor está ligeiramente mais próximo da norma aceite no Mali de 50 mg/L. A tabela 14 apresenta a análise dos metais pesados. Os resultados obtidos mostram que os poços estão contaminados com selénio, arsénio, chumbo e níquel. Os valores variam de 3,29 a 4,09 para o selénio, 0,56 a 6,63 para o arsénio, 0 a 0,09 para o chumbo e 0,05 a 0,14 para o níquel. O valor máximo da norma do Mali é de 0,01 para o Se, As e Pb e de 0,02 para o Ni.

Quadro 13: Parâmetros físico-químicos do poço de Dar-salam (comuna III)

Parâmetro	Unidade	Pd1	Pd2	Pd3	Pd4
pH	-	6,6	6,15	6,36	6,23
Condutividade	µS/cm	399	333	301	315
Turbidez	NTU	1	0	0	0
TA	-	0	0	0	0
TAC	-	200	240	160	213
Mg^{2+}	mg/L	16,32	20,16	17,28	18,21
Ca^{2+}	mg/L	51,2	25,6	44,8	36,7
Cl^-	mg/L	62,12	55,02	79,87	64,09
Fe^{2+}	mg/L	0,05	0	0	0
SO_4^{2-}	mg/L	0	0	0	0
NO_2^-	mg/L	0	0	0	0
NO_3^-	mg/L	32,52	35,15	25,05	21,20

Quadro 14: Parâmetros de metais pesados nos poços de Dar-salam

Elementos	Unidade	Pd1	Pd2	Pd3	Pd4
Visitar	mg/L	**3,29**	**3,83**	**3,93**	**4,09**
Zn	mg/L	0,03	0,02	0,04	0,03
Cd	mg/L	0,01	0,01	0	0
Sr	mg/L	0,12	0,06	0,08	0,17
Ba	mg/L	0,15	0,09	0,11	0,35
Cu	mg/L	0	0	0	0
Ni	mg/L	0,09	0,05	0,14	0,1
Como	mg/L	**0,56**	**6,35**	**6,63**	**6,2**
Co	mg/L	0	0,55	0,47	0,61
Pb	mg/L	0	0	0,09	0
K	mg/L	0	12,34	20,31	21,26
Mo	mg/L	0	0	0	0
Mn	mg/L	0	0	0,09	0
²Cr	mg/L	0	0	0	0
Al	mg/L	0	0	0,01	0,02

♣ **Lafiabougou :**

A Tabela 15 mostra que o pH dos poços amostrados em Lafiabougou são todos ácidos, com valores que variam de 4,23 a 6,28, com uma média de 5,4. A condutividade de PL3, PL4 e PL5 é muito elevada em comparação com os outros poços, e está próxima do valor máximo permitido pela norma do Mali, fixado em 1500 µS/cm. A concentração de nitritos é baixa, exceto no poço PL1, mas a concentração de nitratos de PL3, PL4, PL5 e PL6 é muito elevada em comparação com os outros poços amostrados, com uma concentração que varia entre 37,22 e 45,97 mg/L, o que está próximo da norma máxima permitida fixada em 50 mg/L.

O quadro 16 apresenta os resultados das análises de metais pesados. A análise desta tabela mostra que os poços amostrados na vizinhança do aterro de Lafiabougou são muito ricos em metais pesados. Os teores de selénio (Se), arsénio (As) e chumbo (Pb)

são muito superiores à norma máxima do Mali de 0,01 mg/L. O valor destes metais varia respetivamente entre 3,6 e 4,32 mg/L para o selénio, 0,1 e 7,19 mg/L para o arsénio e 0 e 0,61 mg/L para o chumbo. Os poços PL2, PL3, PL4 e PL5 são muito ricos em alumínio (Al), com valores que variam entre 0,27 e 0,44 mg/L, excedendo a norma máxima permitida de 0,2 mg/L. Os poços também contêm vestígios de níquel e chumbo, com valores que variam de 0,1 a 0,23 mg/L para o Ni e de 0 a 0,61 para o Pb.

Quadro 15: Parâmetros físico-químicos dos poços de Lafiabougou (comuna IV)

Parâmetro	**Unidade**	**PL1**	**PL2**	**PL3**	**PL4**	**PL5**	**PL6**	**PL7**	**PL8**
pH	-	6,58	5,9	5,58	4,23	4,56	4,86	5,34	6,18
Condutividade	µS/cm	474	786	1010	1488	1111	679	381	321
Turbidez	NTU	2	1	1	0	1	0	1	0
TA	-	0	0	0	0	0	0	0	0
TAC	-	280	120	140	180	100	140	140	110
Mg^{2+}	mg/L	5,76	68,16	52,8	24,96	53,76	25,92	14,4	17,31
Ca^{2+}	mg/L	89,6	48	86,4	78,4	46,4	24	30,4	67,58
Cl^-	mg/L	67,4	221,9	182,8	363,9	246,7	150,9	85,2	77,64
Fe^{2+}	mg/L	0,024	-	0,011	0,037	0	0	0	0,034
SO_4^{2-}	mg/L	7,25	0	0	0	0	0	0	0
NO_2^-	mg/L	**1,23**	0,05	0	0	0,31	0	0	0
NO_3^-	mg/L	27,48	37,1	37,22	45,67	45,97	45,97	25,79	21,18

Quadro 16: Parâmetros de metais pesados nos poços de Lafiabougou

Elementos	**Unidade**	**PL1**	**PL2**	**PL3**	**PL4**	**PL5**	**PL6**	**PL7**	**PL8**
Visitar	mg/L	**3,79**	**4,32**	**4,19**	**3,93**	**3,55**	**3,6**	**3,71**	**3,76**

Zn	mg/L	0,04	0,06	0,11	0,11	0,05	0,04	0,04	0,05
Cd	mg/L	0	0	0	0	0,01	0,01	0,01	0,02
Sr	mg/L	0,23	0,28	0,27	0,27	0,15	0,1	0,65	0,08
Ba	mg/L	1,13	0,94	1,96	1,96	0,88	0,57	4	0,27
Cu	mg/L	0	0	0,01	0,01	0,01	0	0,01	0
Ni	mg/L	**0,13**	0,08	**0,23**	**0,17**	**0,11**	**0,09**	**0,49**	0,1
Como	mg/L	**6,12**	**6,24**	**6,1**	**6,33**	**6,13**	**6,39**	**7,02**	**7,19**
Co	mg/L	0,6	0,41	0,54	0,61	0,62	0,69	0,66	0,45
Pb	mg/L	**0,02**	**0,47**	**0,02**	**0,01**	0	0	**0,61**	0
K	mg/L	18,99	34,94	15,64	9,64	8,24	10,25	27,07	14,87
Mo	mg/L	0	0	0	0	0	0	0	0
Mn	mg/L	**1,27**	**1,68**	**4,39**	**2,01**	**0,69**	0,51	4,13	**0,89**
Cr	mg/L	0	0	0	0	0	0	0	0
Al	mg/L	0,04	**0,37**	**3**	**0,44**	**0,27**	0	0,17	0,02

- **Badalabougou:**

A análise dos resultados do quadro 17 mostra que não há contaminação dos poços ou furos amostrados em Badalabougou. No entanto, o pH dos poços e furos amostrados em Badalabougou é ácido, com valores que variam entre 4,97 e 6,40, com uma média de 5,69.

O quadro 18 apresenta os resultados das análises de metais pesados. A análise revela que os poços e os furos são muito ricos em níquel, com um valor que varia entre 0,03 e 0,06 mg/L, com uma média de mg/L. Este último valor ultrapassa a norma maliana de 0,02 mg/L. O furo FB1 é rico em cádmio, com um valor de 0,05, que é superior à norma maliana de 0,02 mg/L. Este valor ultrapassa a norma maliana de 0,02 mg/L. Este último excede a norma maliana de 0,02 mg/L. O furo FB1 é rico em cádmio, com um valor de 0,05, que é superior à norma máxima permitida de 0,003 mg/L.

Quadro 17: Parâmetros físico-químicos do poço e do furo de Badalabougou (comuna V)

Parâmetro	Unidade	FB1	PB1	PB2	FB2
pH	-	6,4	4,97	5,11	6,28
Condutividade	µS/cm	534	139	119	420
Turbidez	NTU	1	0	0	0
TA	-	0	0	0	0
TAC	-	220	140	100	260
Mg^{2+}	mg/L	25,92	5,76	8,64	43,2
Ca^{2+}	mg/L	40	11,2	28,8	44,8
Cl^-	mg/L	142	49,7	58,57	136,7
Fe^{2+}	mg/L	0,041	0,047	0,001	0
SO_4^{2-}	mg/L	4,31	0	0	1,21
NO_2^-	mg/L	0	0	0	0
NO_3^-	mg/L	8,04	25,79	25,61	6,17

Quadro 18: Parâmetros de metais pesados nos poços de Badalabougou

Elementos	Unidade	FB1	FB2	PB1	PB2
Visitar	mg/L	0	0	0	0
Zn	mg/L	0,11	0	0,68	0,27
Cd	mg/L	**0,05**	0	0	0
Sr	mg/L	0,05	0,04	0,02	0,02
Ba	mg/L	0,18	0,26	0,07	0,07
Cu	mg/L	0,03	0	0	0
Ni	mg/L	0,03	0,06	0,04	0,03
Como	mg/L	0	0	0	0
Co	mg/L	0,72	0,37	0,21	0
Pb	mg/L	0	0	0	0
K	mg/L	3,68	9,76	3,89	5,55
Mo	mg/L	0,05	0	0	0
Mn	mg/L	0,28	1,02	0,03	0,04
Cr	mg/L	0,01	0	0	0
Al	mg/L	0	0	0	0

4.2. Discussões :

Os resultados da triagem dos resíduos domésticos em Bamako mostraram que a madeira constituía 17% das categorias de resíduos domésticos mais gerados pelas actividades dos habitantes de Bamako. Este resultado está próximo dos resultados encontrados por (Bah, 2021) nos seus estudos sobre a caraterização dos resíduos domésticos em Faladjie. Ele afirma que entre os componentes do lixo doméstico, os resíduos vegetais representam 23,7%, que é uma das categorias mais geradas pelas actividades dos habitantes de Bamako, logo a seguir à mistura de areia, terra e cinzas, que representa 53,1%. Os plásticos vêm em segundo lugar com 16%, um resultado comparável ao de (Adamou, 2021). Segundo este último, os habitantes da cidade de

Bamako utilizam excessivamente sacos de plástico não degradáveis, apesar da promulgação da Lei n.º 2014-024, de 3 de julho de 2014, que proíbe a produção e comercialização de sacos de plástico não biodegradáveis. A poluição plástica provoca graves riscos para a saúde da fauna selvagem em geral e da fauna aviária em particular (PRUBA, 2021).

As caraterísticas e a composição mineralógica dos elementos principais e dos oligoelementos no solo e no solo selecionado dos resíduos retirados do local são ricas em óxido de ferro (Fe_2O_3), óxido de cálcio (CaO), potássio (K_2O), Cd, Mn, Cu e Zn. Estes valores são superiores à norma máxima para os solos normais e às normas francesas para os solos extraídas de (Baize, 2000). Assim como os níveis encontrados na crosta terrestre por (Temgoua et *al*, 2015). Estes resultados são coerentes com as conclusões de (PRUBA,2021), que confirmam que os resíduos são ricos em óxidos de ferro, óxido de cálcio, alumínio e calcário. São ricos em zinco, cobre e chumbo.

O perfil do solo é reconhecido como um filtro que purifica as águas subterrâneas, reduz o número de microrganismos e retém um certo número de elementos químicos (Aboubacrine, 1991). Estes contaminantes podem persistir no solo durante períodos de tempo variáveis, consoante a sua natureza. Os iões simples persistem no meio durante muito tempo, mas podem ser precipitados sob a forma de sais e complexos por troca iónica, ou interagir com argilas. (Biaou, 2019) confirma que os níveis elevados de metais pesados se devem provavelmente à heterogeneidade dos resíduos

De acordo com (Mehdi et al, 2007), os lixiviados de aterros sanitários são comparáveis a descargas industriais complexas que contêm contaminantes orgânicos e inorgânicos. A análise dos parâmetros físico-químicos dos lixiviados mostra um pH ligeiramente neutro a alcalino, variando entre 7,33 e 7,96, com uma média de 7,59, o que está de acordo com o valor limite para as descargas do Mali entre 6,5 e 9,5. Estes valores são comparáveis aos de Hicham et *al*, (2021); Boucenna, (2007) e El Bada et *al*, (2010). Boucenna, (2007) mostrou que entre novembro e janeiro o pH dos lixiviados variou de 7,2 a 7,9, o que coincidiu exatamente com as nossas datas de amostragem. Os valores de condutividade variaram de 16200 a 26000 µS/cm, com uma média de 21950 µS/cm. O limite de referência situa-se entre 14105 e 17100 µS/cm, o que significa que a condutividade do lixiviado é muito elevada, ultrapassando a norma internacional da

OMS e a norma de descarga do Mali de 2500 μS/cm. Este valor de condutividade é próximo do encontrado por (Hicham et al, 2021). De acordo com a legislação do Mali (valor guia de descarga 2500 μS/cm), não deve, em circunstância alguma, ser descarregado no ambiente. Os valores de Turbidez do lixiviado são todos superiores a mil (>1000) NTU e uma coloração muito preta. Este valor corresponde ao encontrado por (PRUBA, 2021). No entanto, o Mali não tem um limiar específico para o nível de turbidez das águas residuais, mas adoptou legislação que pode estar ligada a ele. Os níveis de $Ca^{(2+)}$ variam entre 480 e 800 mg/L, com uma média de 660 mg/L, enquanto os níveis de Mg^{2+} variam entre 576 e 1056 mg/L, com uma média de 807,5 mg/L. Estes dois valores excedem largamente a norma da UE de acordo com Moumouni et *al*, (2000). Os valores do ião cloreto (Cl^-) nos lixiviados variaram entre 1597,5 e 6212,5 mg/L, com um teor médio de 4792,5 mg/L, o que é bastante superior à norma de 1200 mg/L reconhecida no Mali. A descarga acidental de lixiviados ricos em cloretos no ambiente pode prejudicar a qualidade dos solos, das plantas, da fauna e dos peixes, bem como a qualidade da água dos poços tradicionais e das águas de superfície (água do barranco e água do rio Níger, apesar das suas propriedades autodepuradoras) (PRUBA, 2021). Wage et *al* (2000) afirmam que o ião cloreto é um elemento muito móvel que migra facilmente para o lençol freático subjacente. Não é afetado por fenómenos de adsorção ou de troca iónica. Também não está envolvido em equilíbrios ácido-base ou redox. Também não é retido pelos complexos argilo-húmicos do solo (Chofqi, 2004). A concentração de sulfato nos lixiviados é baixa, com um valor máximo de 226,72 mg/L registado no lixiviado do aterro sanitário de Medina Coura. Este valor é idêntico ao encontrado por (Boucenna, 2007), que afirma que os baixos níveis de sulfato são registados no verão, quando os fenómenos de biodegradação bacteriana são muito intensos (aquecimento do lixiviado) e as condições ambientais são muito redutoras. Os sulfatos são então reduzidos a sulfuretos (H_2S), que se encontram entre os gases responsáveis pelos odores desagradáveis emitidos pelo aterro.

No Mali, a quantidade aceitável de ferro nas águas residuais é inferior ou igual a 2 mg/L. Os níveis de ferro obtidos nas análises dos lixiviados oscilam entre 2,24 e 5,89 mg/L, com uma média de 4,06 mg/L, o que excede largamente a norma de descarga do Mali. Este facto explica a elevada concentração de ferro nos nossos lixiviados. Este pode infiltrar-se no solo e poluir o lençol freático. Todos os metais vestigiais estão naturalmente presentes em quantidades vestigiais no solo, mas a atividade humana pode ter aumentado a sua presença, de acordo com Djahida (2016). A análise dos resultados dos metais pesados (Cu, Pb e Al) excede a norma estabelecida no Mali. A concentração de cobre nas amostras recolhidas em Dar-salam e Lafiabougou foi medida a 0,15 mg/L, enquanto em Badalabougou foi ligeiramente superior a 0,35 mg/L. O limite de descarga aceitável está fixado em 0,1 mg/L. Os níveis de chumbo nos lixiviados flutuam entre 0,31 e 1,58 mg/L. A norma de descarga aceitável está fixada em 0,2 mg/L. O teor de alumínio varia entre 0,11 e 2,96 mg/L. Este último excede largamente o valor máximo para as descargas de águas residuais no Mali, que é inferior ou igual a 1 mg/L. Estes resultados estão em conformidade com os trabalhos efectuados por (Djahida, 2016) para o caso do centro de aterro técnico de Tlemcen e (Er-Raioui et al, 2011) para o caso da contaminação das águas subterrâneas por lixiviados de aterros públicos: caso do lençol freático de R'Mel (Província de Larache - Noroeste de Marrocos).

As análises físico-químicas dos poços revelam que o pH dos poços (Medina-coura, Dar-salam, Lafiabougou, Badalabougou) varia entre 4,23 e 6,75, com uma média de 5,80, o que é ligeiramente inferior à norma maliana e à norma internacional da OMS, que se situa entre 6,5 e 9. Este valor é ligeiramente inferior norma maliana e à norma internacional da OMS, que se situa entre 6,5 e 9. A acidez da água pode estar relacionada com a litologia do aquífero, segundo Aboubacrine et *al* (1991). Por outro lado, os poços próximos dos aterros sanitários, tais como Pm1 Pm2 Pm3 em Medina-coura e PL2, PL3, PL4, PL5, PL6 na zona de Lafiabougou, são muito mais ácidos do que os poços distantes Pm6 e PL8. De acordo com (Mehdi et *al*, 2007), esta diferença pode ser devida à influência da libertação de CO_2 do aterro nas águas subterrâneas. Os valores de condutividade dos poços amostrados variaram de 3,25 a 1488 µS/cm, com uma média de 558,73 µS/cm. Esta média é inferior ao valor máximo de 1.500 µS/cm, que é a norma estabelecida pela OMS e pelas autoridades do Mali. No entanto, é de notar que alguns poços, como Pm1 e Pm5 em Médina-coura, e PL2, PL3, PL4 e PL5 em Lafiabougou, têm uma condutividade mais elevada do que os outros poços e estão próximos da norma máxima. Isto indica a presença de minerais e outros iões potencialmente nocivos na água. Os valores de turvação variam entre 0,03 e 10,9 NTU, com uma média de 1,80 NTU. Além disso, os poços de Médina-coura, nomeadamente Pm1 e Pm6, apresentam valores próximos do valor máximo autorizado, enquanto Pm2 ultrapassou a norma maliana de 5 NTU. Isto explica o facto de os poços Pm1, Pm2 e Pm6 de Médine-coura, próximos do aterro, apresentarem a presença de partículas em suspensão na água (detritos orgânicos, argilas, microrganismos, etc.). As concentrações de nitratos nos poços registados variam entre 1,93 e 45,97 mg/L, com uma média de 23,62 mg/L. Esta última não excede nem a norma do Mali nem a norma internacional da OMS fixada em 50 mg/L. Por outro lado, os poços que rodeiam os aterros de Lafiabougou, nomeadamente os poços PL2, PL3, PL4 e PL5, que se encontram muito próximos dos aterros, destacam-se dos outros poços devido às suas elevadas concentrações de nitratos. As concentrações de nitrato nestes poços estão muito próximas da norma do Mali (50 mg/L), com um valor máximo de 45,97. Este facto sugere que os poços estão ligeiramente contaminados com nitratos. Estes são geralmente o resultado da nitrificação do azoto orgânico. Este teor de NO_3^- indica a presença de germes na água (Mehdi et al, 2007). Quanto à concentração de nitritos, os níveis de NO_2^- nos poços que rodeiam os aterros variam entre 0 e 1,43 mg/L, com uma média de 0,59 mg/L. Este nível médio é duas vezes superior à norma do Mali e da OMS de 0,2 mg/L. Estes valores estão de acordo com os encontrados por (Boucena, 2007) no seu estudo sobre o impacto do aterro público na qualidade das águas subterrâneas em Zef-Zef (SKIKDA). A análise das flutuações dos nitritos em vários poços mostra que os poços Medina-coura: Pm2, Pm3, Pm4, PM5 e o poço Lafiabougou: PL2 e PL5 excederam a norma autorizada. Isto explica a oxidação incompleta do amoníaco (NH^{4+}) ou a redução do nitrato (NO_3^-) na água. A redução do nitrato a nitrito pode ser atribuída à atividade bacteriana. A presença de nitritos no sangue impede a hemoglobina de ligar adequadamente o oxigénio, levando ao risco de metahemoglobinemia aguda. A presença de sulfatos na água potável pode conferir-lhe um sabor percetível e, em níveis muito elevados, os sulfatos podem ter um efeito laxante em consumidores não habituados. A alteração do sabor varia com a natureza do catião associado; os limiares de deteção do sabor variam entre 250 mg/l para o sulfato de sódio e 1000 mg/l para o sulfato de cálcio. Em geral, consideramos que a alteração do sabor é mínima em níveis inferiores a 250 mg/l (OMS, 2017).

A análise dos metais pesados nos diferentes poços revela um aumento dos teores de Se, Ni, As, Pb e Al. Este facto explica a presença de uma carga metálica na água dos poços. Os metais pesados são elementos tóxicos que podem ser nocivos para a saúde humana. Os poços são muito ricos em arsénico, com um valor máximo de 7,19 mg/L. A norma máxima do Mali está fixada em 0,01 mg/L. Este facto explica a elevada contaminação dos poços com este elemento. O arsénio tem um índice de risco inaceitável (superior a 1) tanto para adultos como para crianças (Moussa et al, 2018). No entanto, os resultados não permitem afirmar que os resíduos contribuíram para a poluição dos poços com arsénio. O arsénio é uma substância química que ocorre naturalmente no ambiente. A sua elevada concentração no solo pode estar ligada à sua composição natural ou a actividades industriais passadas ou actuais (HAS, 2020). De acordo com Vincent et *al*, (2015) é muito difícil definir a causa ou os parâmetros que influenciam os níveis de arsénio. A observação dos poços Pm1, Pm2, Pm3, Pm6 em Medina-Coura e PL2, PL3, PL4, PL5 em Lafiabougou mostra a contaminação dos poços com Pb, Ni e Al. Este resultado está de acordo com o encontrado por Bouccenna (2007), que afirma que as águas subterrâneas estão contaminadas por metais principalmente de fontes pontuais de poluição: aterros sanitários, áreas urbanas e industriais. O chumbo e o alumínio são um dos elementos mais tóxicos para os seres humanos (Tanouai et *al*, 2015). A presença de metais (Pb, Ni, Mn e Al) na água dos poços (especificamente os poços em Lafiabougou) mostra a contaminação por resíduos.

V. CONCLUSÃO E RECOMENDAÇÕES

5.1. CONCLUSÃO :

Os resíduos são uma das principais fontes de poluição ambiental. O nosso estudo, baseado no impacto dos resíduos na qualidade das águas subterrâneas de Bamako, pôs em evidência os principais problemas relacionados com a gestão dos resíduos em Bamako.

A cidade de Bamako tem um problema de gestão dos resíduos domésticos. Esta má gestão é prejudicial não só para o ambiente, mas também para os seres humanos. Sem tratamento especial, podem conter cargas metálicas que podem contaminar o solo por enterramento e fermentação, e por percolação podem penetrar e contaminar o lençol freático. A má gestão dos resíduos domésticos em Bamako está a aumentar a quantidade e o tipo de resíduos produzidos. As diferentes categorias e fracções de resíduos domésticos geram estimativas de que os resíduos de plástico são um dos resíduos mais frequentemente gerados na cidade de Bamako.

As caraterísticas físico-químicas dos solos recolhidos em aterros sanitários demonstraram a importância dos contaminantes metálicos contidos nos resíduos na contaminação do solo. O elevado teor destes elementos metálicos (cádmio, níquel, chumbo, zinco, cobre e crómio) no solo é uma prova da retenção dos metais contidos nos resíduos.

As caraterísticas físico-químicas do lixiviado produzido a partir dos aterros sanitários mostram que o lixiviado contém uma grande quantidade de cloreto e nitrato, com maior turbidez e uma elevada carga de poluição orgânica. O lixiviado tem valores muito elevados de condutividade e de cloretos. Consequentemente, as concentrações de iões dissolvidos e de ferro indicam que o lixiviado é uma água anóxica e reduzida. O lixiviado representa, portanto, uma fonte potencial de contaminação para o ambiente circundante e, em particular, para o lençol freático no local do aterro.

As análises da composição dos metais pesados nos lixiviados revelaram a presença de metais vestigiais. As concentrações de ferro, alumínio, cobre e chumbo são anormalmente elevadas devido à receção de resíduos que contêm estes metais no aterro. A contaminação depende de vários factores ligados às condições de exploração do local (ausência de um sistema de recuperação e de drenagem dos lixiviados, etc.). As análises físico-químicas dos poços revelaram a contaminação dos poços situados na proximidade do aterro, nomeadamente os poços de Medina-coura (Pm1, Pm2, Pm3, Pm4) e de Lafiabougou (PL2, PL3, PL4, PL5). Estes testes revelaram a presença de poluição da água causada por nitritos e uma ligeira contaminação por nitratos. A avaliação da qualidade da água dos poços por análise revelou igualmente a existência de certos poluentes presentes nos lixiviados examinados. Foi igualmente detectada uma contaminação bacteriológica, devido a concentrações elevadas de nitritos e de nitratos, bem como a presença de metais pesados nos lixiviados e na água do poço. A nossa análise físico-química sugere que a infiltração é o vetor de transferência desta poluição.

5.1.RECOMENDAÇÕES :

As nossas recomendações incluem

- Desenvolvimento de depósitos de trânsito em cada distrito;
- Transporte de resíduos dos depósitos de trânsito para o depósito final;
- Recolha regular para evitar o transbordo de lixo nos aterros sanitários;
- Acompanhar a situação ambiental nas diferentes comunas do distrito de Bamako, em colaboração com as estruturas envolvidas;
- Educar as pessoas que vivem perto de aterros sanitários para não beberem água de poços não tratada;
- Monitorizar a evolução dos lixiviados e o seu impacto nas águas subterrâneas subjacentes (escolher poços próximos do aterro a diferentes profundidades do nível piezométrico);
- Efetuar uma da qualidade do solo.

REFERÊNCIAS

Aboubacrine A, Amadou T, Adama M, Olivier B, Jean-Pierre V, Lahcen Ai, Mai. (1991). Hidrogeologia e contaminação do lençol freático que abastece a cidade de Bamako (Mali).

Awa K. (2019). Gestão de resíduos do Marche de Banankabougou na comuna VI do distrito de Bamako.

Aouane M. e Bradai H. (2016). Análise bacteriológica do lixiviado do aterro técnico de Corso antes e depois do tratamento por osmose inversa (OR). Tese de mestrado, Universidade M'hamed Bougara de Boumerdès, p75.

Awa K. (2019). Gestão de resíduos do Marche de Banankabougou na comuna VI do distrito de Bamako.

BERTHE C. (2006). Etude de la Matière Organique contenue dans des lixiviats issus de différentes filières de traitement des déchets ménagers et assimilés. Tese de doutoramento, Universidade de Limoges.196 p.

Boucenna N. (2007). Impacto das águas residuais da descarga pública sobre a qualidade das águas subterrâneas: caso de Zef-(Skikda), p57

Bouazza L. (2011). Efeito da coagulação-floculação na qualidade da água tratada da ETAR de Ain El Houtz. Tese de mestrado em química, Universidade de Tlemcen, 106 p.

C.A.E.P. (julho de 2018). Relatório final do estudo de diagnóstico sobre os estrangulamentos nos principais colectores e o encaminhamento dos resíduos dos depósitos de trânsito para o depósito final.

Chérifatou I B. (2019). Impacto das descargas salgadas dos produtos sólidos sobre os solos em Cotonou, Doi:10.19044/esj.2019.v15n30p94

Chunyan H. (12 de dezembro de 2016). Legislação sobre resíduos: um estudo comparativo entre a França e a China.

CROUE J.P. (2001). As matérias orgânicas naturais das águas: Curso do Diploma de Estudos Aprofundados "Química e Microbiologia da Água". Universidade de Poitiers.

Diabate M. (2010). Resíduos domésticos: impacto na saúde e no ambiente na comuna I do distrito de Bamako: o caso de Banconi. Dissertação, Mali.

E. TEMGOUA, H. NTANGMO TSAFACK, H.-R. PFEIFER2 e T. NJINE3 (2015), Teneurs en élément majeurs et oligoéléments dans un sol et quelques cultures maraîchères de la ville de Dschang, Cameroun.

Elhafiane S. (2012). Gestão de resíduos sólidos na comuna urbana de Agadir e seu impacto no ambiente natural.

Fettouch S. (2014). Síntese de membranas e aplicações no tratamento de lixiviados.

Gieguzynska E., Kocmit A. & Golebiewska D. (1998). Estudos sobre ácidos húmicos em solos erodidos da Pomerânia Ocidental. In: Zaujec A., Bielek P., Gonet S.S (Eds), Humic substances in Ecosystems. Universidade Agrícola Eslovaca, Nitra, 35-41.

HAS, (julho de 2020). Solo poluído por arsénio: Informação para os residentes.

H. Er-Raioui, S. Bouzid, S. Khiannous e M. A. Zouag (junho de 2011). Contaminação das águas subterrâneas por lixiviados de aterros públicos: Caso do lençol freático de R'Mel (Província de Larache - Noroeste de Marrocos).

Hakmi A. (2006). Traitement des eaux " traitement de l'eau de source bousfer Oran. Universidade das Ciências e da Tecnologia, p. 76.

Herley R J. (2005). Tipologia e análise da gestão de resíduos municipais (resíduos domésticos e de mercado) na cidade de Cayes, Haiti.

Hicham K, Lotfi A, Christiane L, Jacky M. (2001). Évaluation de l'impact des lixiviats d'une décharge d'ordures ménagères sur la qualité physico-chimique et bactériologique des eaux d'un ruisseau de Franche-Comté. Environnement, Ingénierie & Développement, N°24 - 4° Trimestre 2001, pp.3-6. http://www.amblans-et-velotte.fr/index.php?IdPage=1349182733

Issa O, Ahamadou D, Yakouréoun D, Oumar D e Adama K. (2017). Actores e estratégias para a gestão de resíduos sólidos domésticos em Bamako.

Jérémy V. (2015). Etude de la contamination par l'arsenic dans les eaux de Forage : Cas de la province du Seno, Burkina Faso. Jornal oficial da República do Mali. LOI N°2021-032 DU 24 MAI 2021 Relative aux pollutions et aux nuisances.

Labadi N. e Saadoudi M. (2019). Contribuição para o estudo de caraterização dos lixiviados do centro de aterro técnico de El Oued (CET). Tese de mestrado, Biodiversidade e ambiente, Universidade Echahid Hamma Lakhdar D'el-Oued, p88.

Mamadou K. (2018). Tipologia urbana e acessibilidade geográfica potencial das instalações de saúde ditas "modernas" no distrito de Bamako (Mali).

Mehdi. Mekaikia Mokhtarial, Belabbed Bourhan Eddine2 Djabri. Larbi, Hani Azzedine Laour Rabah (2007). Caractéristiques de la décharge publique de la ville de Tiaret et son impact sur la qualité des eaux souterraines. p93, 99.

Djahida M. (2016). Os riscos de poluição do ambiente natural por lixiviados de aterros controlados. Cas du centre d'enfouissement technique de Tlemcen. P18

ADAMOU M. (12 de junho de 2021). Caractérisation des ordures ménagères et risques Microbiologies potentiels associes aux décharges située à proximité des Habitations à Bamako p12, p20, p51, p151

Moumouni W, Abdoul R, Zanguina A. (2000). Caractérisation Physico-Chimique Des Lixiviats Des Décharges: Cas De La Décharge Non Contrôlée De Niamey 2000 (Niamey-Niger).

Moussa B, Mounira T, Marwa A, Abdelaziz L. (2018). Contaminação das águas subterrâneas por oligoelementos metálicos na região de Azzaba, na Argélia.

OMS (Organização Mundial de Saúde). (2017). Diretrizes para a qualidade da água potável: 4ª ed. incorporando a primeira adenda.

Oumar B. (2021). Characterisation des déchets solidesménagers de Faladié, p10.

Ouriba S. (2016**).** Papéis e perspectivas das partes interessadas na gestão sustentável dos resíduos sólidos nos países em desenvolvimento: o caso da Comuna IV do Distrito de Bamako.

Quesnel P. (julho de 2001). Tratamento artificial de zonas húmidas de lixiviados de um depósito de trincheiras num ambiente setentrional.

PRUBA. (abril de 2021). Auditoria ambiental e social da descarga final de resíduos sólidos de Noumoubougou no Mali p45.

Seydou D, Dogodiougo D, Fousseyni D. (fevereiro de 2018). Etat des lieux de la gestion des déchets District de Bamako. Relatório final.

Sofiane A, Zerdi F. (2022). Impact de la décharge des déchets solides sur la qualité des eaux souterraines de la région d'Ain del Fakroun (Oum El Bouaghi).

Tanouayi G, Gnandi K, Ahoudi H, Ouro S K. (março de 2015). Contaminação metálica de águas superficiais e subterrâneas na área de mineração de fosfato de Hahotoe-Kpogame (Sul do Togo): o caso do cádnio, chumbo, cobre e níquel.P35-50.

Yacouba M. (2018). Resíduos de equipamentos electrónicos e informáticos no Mali: Quantificação e recuperação. Tese de doutoramento da USTTB, p 252

ZEDAM A S, LARABA Z0 . (2019/2020). Estudo comparativo das caraterísticas dos lixiviados: fonte de poluição e contaminação, em quatro aterros sanitários p4, p7, p9, p16.

Apêndices

Anexos 1: NORMAS :

Separador: Normas francesas de solos

Ref ; Denis Baize: Teor total de metais pesados nos solos franceses. Courrier de L'environnement de l'INRA nO39 fevereiro de 2000

Metais	Cu	Zn	Pb	Ni	Li	Cr	Co	Ca	Mg	Na	K
Local de amostragem	pp m	pp m	Pp m	pp m	pp m	pp m	pp m	%	%	%	pp m
Normas para pavimentos normais	30	50	10	40	20	100	8	1.3 7	0.5 0	0.6 3	0.83
Normas do solo	100	300	50	50	30	150	-	-	-	-	-

Normas relativas à água do Mali estabelecidas pelo organismo maliano de normalização AMANORM

NORMAS RELATIVAS À ÁGUA POTÁVEL

Caraterísticas físico-químicas

Parâmetros	**Unidades**	**Valores máximos admissíveis**
Cor	Platino-cobalto ou Hazen	25
Turbidez	NTU	5
$KMnO_4$ oxidabilidade (a quente)	mg / L	5
pH	-	≤ ≤6,5 pH 9

Cloretos	mg / L	250
Sulfatos	mg / L	500
Dureza total	mg /L (C_aCO_3)	500
Cálcio	mg / L (C_aCO_3)	200
Magnésio	mg / L (C_aCO_3)	100
Sódio	mg / L	200
Potássio	mg /L	100
Sólidos totais dissolvidos	mg / L	1200
Condutividade eléctrica	µS/cm	1500
Nitratos	mg/ L de (NO_3^-)	50
Nitritos	mg/ L de (NO_2^-)	0.2
Amónio	mg/ L de (NH_4)	0,5
Alumínio	mg / L	0,2
$^{++}$Ferro (Fe)	mg /L	0.3
Manganês	mg /L	0,5
Cobre	mg /L	1
Zinco	mg /L	1
Fluoretos	mg /L	1 ,5
Molibdénio	mg /L	0,07

Metais pesados

Parâmetros	Unidades	Valores máximos admissíveis
Arsénio	mg /L	0,01
Cádmio	mg / L	0,003
Crómio total	mg / L	0,05

Cianeto	mg / L	0,07
Mercure	mg / L	0,001
Chumbo	mg / L	0,01
Selénio	mg / L	0,01
Níquel	mg / L	0,02
Antimónio	mg / L	0,005
Bário	mg / L	0,7
Boro	mg / L	0,5
Alumínio	mg / L	0.2

Normas de descarga de águas residuais do Mali:

N°	**Parâmetros**	Valores-limite admissíveis
01	**PH**	6.5 - 9.5
02	**Temperatura (°C)**	≤ 40
03	**Cor**	O derrame não deve causar
		sem cor do meio recetor
04	**Odor**	O derrame não deve causar modificação do meio recetor
05	**Matérias flutuantes (> 1 cm)**	Ausência
06	**Matéria de sedimentação (mg/L)**	<0,5 após 2 horas de decantação
07	**Sólidos suspensos (mg/L)**	≤ 30
08	**Carência bioquímica de oxigénio para 5 dias CBO5 (mgO2/L)**	≤ 50
09	**Carência química de oxigénio CQO (mgO2/L)**	≤ 150
10	**Oxigénio dissolvido**	> 6mg O_2/L
11	**Alumínio (mg/L)**	≤ 1
12	**Arsénio (mg/L)**	≤ 0,5

13	**Cádmio (mg/L)**	≤ 0,02
14	**Crómio III (mg/L)**	≤ 2
15	**Crómio VI (mg/L)**	≤ 0,2
16	**Ferro (mg/L)**	≤ 2
17	**Manganês (mg/L)**	≤ 2
18	**Mercúrio (mg/L)**	≤ 0,005
19	**Níquel (mg/L)**	≤ 2
20	**Chumbo (mg/L)**	≤ 0,2
21	**Cobre (mg/L)**	≤ 0,1
22	**Estanho (mg/L)**	≤ 10
23	**Zinco (mg/L)**	≤ 0,5
24	**Cianeto (mg/L)**	≤ 0,5
25	**Cloro (mg/L)**	≤ 0,2
26	**Sulfuretos (mg/L)**	≤ 1
27	**Sulfitos (mg/L)**	≤ 1
28	**Sulfatos (mg/L)**	≤ 1000
29	**Cloretos (mg/L)**	≤ 1200
30	**Fluoreto (mg/L)**	≤ 6
31	**Fósforo (mg/L)**	≤ 10
32	**Azoto amoniacal (NH4mg/L)**	≤ 15
33	**Nitratos (mg/L)**	≤ 30
34	**Nitrito (mg/L)**	≤ 0,6
35	**Óleos e gorduras (animais + vegetais) (mg/L)**	≤ 20
36	**Óleos minerais (mg/L)**	≤ 5
37	**Fenóis (mg/L)**	≤ 0,5
38	**Solventes aromáticos (mg/L)**	≤ 0,2
39	**Solventes azotados (mg/L)**	≤ 0,1
40	**Solventes clorados (mg/L)**	≤ 1

41	**Surfactantes (mg/L)**	≤ 2

Apêndice 2: PROTOCOLOS DE ANÁLISE

PARÂMETROS FÍSICOS

1- pH: potencial hidrogeniónico :

O pH (potencial hidrogeniónico) é uma das caraterísticas fundamentais da água. $^{+}$O pH é uma medida de acidez, ou seja, a concentração de iões de hidrogénio (H) ou de basicidade, ou seja, os iões OH^- contidos na substância.

Na prática, a escala de pH varia de 0 (muito ácido) a 14 (muito alcalino): o valor médio de 7 corresponde a uma solução neutra a 25°C. O pH da água natural pode variar de 4 a 10, consoante o carácter ácido ou básico do solo.

O valor do pH tem de ser tido em conta na maioria das operações de tratamento de água, especialmente quando estas envolvem uma reação química e porque certos processos têm de ser realizados a um pH específico para serem eficazes. O pH é também um dos parâmetros importantes para a determinação da qualidade da água. É utilizado para controlar a qualidade da água que entra na estação de tratamento (variações significativas de pH são quase sempre o resultado de resíduos industriais). Em particular, os baixos níveis de pH (água ácida) aumentam o risco de os metais estarem presentes numa forma iónica mais tóxica.

Níveis elevados de pH aumentam as concentrações de amoníaco, que são tóxicas para os peixes. Este parâmetro caracteriza um grande número de equilíbrios físico-químicos e depende de muitos factores, incluindo a origem da água.

1.1 Princípio :

O método baseia-se na utilização de um medidor de pH. O medidor de pH é um voltímetro bastante invulgar, caracterizado por uma impedância de entrada muito elevada devido à alta resistência do elétrodo de medição.

1.2 Equipamento :

O equipamento de medição do pH é constituído por :

- Um medidor de pH HANNA HI 2209 equipado com um elétrodo combinado:
- Um termómetro incorporado
- Um agitador magnético.

1.3 Reagentes :

-PH do tampão = 4,01

- pH do tampão = 7,00

1.4 Procedimento :

a. Preparação dos instrumentos

- Verificar as diferentes ligações: rede, eléctrodos, etc;
- Retire a tampa de proteção do elétrodo duplo e guarde-a num local seguro
- Enxaguar bem a extremidade do elétrodo com água destilada e, em seguida, secar com papel higiénico.

b. Calibração

- Ligar o medidor de pH,
- Colocar uma pequena barra magnética num recipiente de medição perfeitamente limpo (um pequeno copo, por exemplo);
- Lavar o vaso e a haste com água destilada limpa;
- Adicionar o tampão de pH 4,01 ao recipiente e mergulhar o elétrodo, assegurando que a haste magnética possa rodar livremente
- Aguardar até que a leitura fique estável;
- Retirar o elétrodo, enxaguá-lo e secá-lo com papel higiénico: enxaguar o recipiente de medição e o elétrodo com água destilada, introduzir em seguida o segundo tampão (pH 7,00) no recipiente da mesma forma que anteriormente, mergulhar o elétrodo e aguardar a estabilização da leitura;
- O aparelho está agora calibrado e pronto a ser utilizado.

c. Medição do pH

- Lavar o recipiente, a barra magnética e o elétrodo com água destilada e depois com a amostra;
- Encher o recipiente de medição com a amostra I;
- Imergir o elétrodo com as precauções habituais e agitando-o suavemente:
- Ler o pH diretamente quando o valor estiver estabilizado.

2. CAPACIDADE DE CONDUÇÃO:

A condutividade da água reflecte a sua capacidade de permitir a passagem de uma corrente eléctrica através dela. A maior parte das substâncias dissolvidas na água estão sob a forma de iões eletricamente carregados, pelo que a medição da condutividade é uma forma de avaliar a quantidade de sais dissolvidos na água. Por conseguinte, é lógico assumir que quanto maior for o conteúdo mineral da água, maior será a sua condutividade.

Existe uma relação entre a condutividade da água e a sua mineralização, daí a importância de medir a condutividade, uma medida quase instantânea, para determinar a mineralização da água.

2.1. Princípio de medição :

A condutividade é medida com um medidor de condutividade.

2.2 Procedimento :

a. Calibração:

Lavar bem a sonda do medidor de condutividade com água destilada e secá-la bem com papel higiénico. Mergulhar a sonda no padrão de condutividade de 1413 µS/cm e aguardar que o valor visualizado se estabilize perfeitamente. Logo que o condutivímetro tenha estabilizado com este padrão, enxaguar a sonda e proceder à utilização do instrumento nas amostras a analisar.

b. Medição da condutividade:

Qualquer que seja o dispositivo utilizado :

- Verificar as ligações entre a célula e o condutivímetro. Lavar um recipiente e uma barra magnética com água destilada e depois com a amostra;
- Lavar bem a célula de medição com água destilada e secá-la bem com papel higiénico;
- Colocar uma quantidade suficiente da amostra a analisar no recipiente que contém a barra magnética e mergulhar o elétrodo (ou célula) do medidor de condutividade.
- Utilizar uma agitação suave para garantir que a concentração iónica entre os eléctrodos é idêntica à do líquido circundante. Esta agitação também elimina as bolhas de ar nos eléctrodos.

- Ler diretamente a condutividade quando o valor estiver estabilizado. O valor é expresso em µS/cm.

NB: Quando utilizar o instrumento multifunções HI 8633 (pH, condutividade, temperatura e salinidade), prima o botão M para selecionar o modo de pH ou de condutividade.

Figura 30: Medição do pH e da condutividade dos lixiviados e da água do poço

3. TURBIDEZ :

A turvação reduz a transparência de um líquido. Por conseguinte, reflecte a presença de partículas em suspensão na água (detritos orgânicos, argila, microrganismos, etc.). A turvação desempenha um papel muito importante no tratamento da água. Isto deve-se ao facto de :

- indica uma maior probabilidade da presença de elementos patogénicos;
- a turvação interfere com a desinfeção, o tratamento ultravioleta é ineficaz e o tratamento com cloro também perde a sua eficácia;

- a matéria orgânica associada à turvação favorece a formação de biofilmes na rede e, por conseguinte, o desenvolvimento de bactérias insensíveis, nomeadamente ao cloro.

5.2.Princípio :

O método consiste em determinar a razão de turbidez através de um sinal de dispersão de luz hefelométrica comparado com um sinal de dispersão de luz transmitida em função de uma gama padrão constituída por soluções de formazina.

5.3.Reagentes :

o Soluções padrão 10, 20, 100 e 800 NTU

3.3 Equipamento:

- O Turbidímetro HACH 2100Q é:
- Cubeta de avaliação da transparência em vidro incolor com um volume de 10 ml.

3.4 Procedimento :

a. Calibração: com padrões StablCal

- Prima o botão de calibração para entrar no modo de calibração e siga as instruções apresentadas no ecrã:

NB: procurar cuidadosamente cada norma antes de a inserir, a norma a inserir é enquadrada.

- Seguindo estas instruções, inserir o padrão (StablCal 20 NTU) no suporte de cuvetes, fechar a tampa e premir Measure. O ecrã apresentará Stabilisation seguido do resultado;
- Inserir os padrões StablCal 100 NTU e 800 NTU da mesma forma, seguindo as instruções no ecrã.
- Prima Concluído para concluir a calibração.
- Quando a calibração estiver concluída, o instrumento passa automaticamente para o modo de Verificação da Calibração, ou seja, verificação da calibração com o padrão de 10 NTU. Introduzir o padrão e medir para verificar a calibração estabelecida.

- Uma vez feito isto, o dispositivo está pronto para a análise recomendada.

b. Medição da turbidez :

- Encher o tubo de medição com a amostra homogeneizada e secá-lo com papel higiénico;
- Introduzir o tubo de medição na câmara (suporte de cuvetes), fechar e premir Measure ;
- Ler o resultado imediatamente após a estabilização.

3.5. Expressão dos resultados:

A turbidez da amostra é o valor indicado (em NTU) pelo aparelho.

4. ALCALINIDADE (TA) E ALCALINIDADE TOTAL (TAC)

A alcalinidade da água corresponde à presença de iões bicarbonato, carbonato e hidróxido.

4.1. Princípio :

Trata-se de determinar os volumes sucessivos de ácido forte em solução diluída necessários para neutralizar o volume de água a analisar aos níveis de pH = 8,3 e 4,5. A primeira determinação é utilizada para calcular o título alcalimétrico (TA) e a segunda para calcular o título alcalimétrico total (TAC). O resultado :

- a água com um pH inferior a 8,3 não contém TA;
- a água com um pH inferior a 4,5 não contém nem TA nem TAC.

4.2 Reagentes :

- HCI 0,1 N
- fenolftaleína a 1% (m/v etanol)
- heliantina

4.3. Equipamento :

o Uma bureta

o Um tubo de ensaio de 50 ml

o Um conta-gotas

4.4 Procedimento :

TA

- Colocar 50 mL de água a analisar num copo;
- Adicionar 4 gotas de fenolftaleína;
- Se a cor mudar para rosa, titular com ácido clorídrico (HCI 0,1N) até ficar incolor e anotar o volume.
- Mas se não houver mudança de cor com a fenolftaleína, isso significa que a TA é zero.

Expressão dos resultados

$$TA=\frac{VaxNax1000}{V}x100$$

TAC:

Adicionar 4 gotas de heliantina à mesma amostra utilizada para a TA e titular com ácido clorídrico até que a cor mude de amarelo para vermelho. Anotar o volume vertido

Resultados :

$$TAC=\frac{VaxNax1000}{V}\ x100$$

TA e **TAC** são expressos em mg/L

Va: volume de HCl utilizado no ensaio

Na: normalidade do HCI (0,1 N)

V: teste de condução

1000 é o fator de conversão de litro para

100, é o fator de conversão de mmol/L para mg/L

5. DUREZA CÁLCICA TOTAL:

A dureza da água é a soma das concentrações de catiões metálicos, excluindo os metais alcalinos (Na+, K+) e H+. Na maioria dos casos, é principalmente devida aos iões Ca++ e Mg++. A presença destes dois catiões na água reduz frequentemente a toxicidade dos metais, mas o seu excesso impede a formação de espuma com sabão. A dureza é medida em mg de CaCO3 por litro.

5.1. O princípio:

O princípio é uma titulação molar complexométrica com I EDTA dos iões Ca++ e Mg++ a pH 10. O indicador colorido, preto Eriochrome T (para Mg++) ou patton reager (para Ca++), que dá uma cor vermelha escura, é utilizado como indicador de conversão azul claro.

5.2. Reagentes :

- EDTA...0.005 mol/L
- Solução de hidróxido de sódio...............................2 mol/L
- Tampão de amoníaco pH 10
  - cloreto de amónio NH4CI...................................5,4g
  - amoníaco puro...44 mL
  - volume final (com água destilada)...............................100 mL

5.3. Equipamento :

- uma bureta
- Um tubo de ensaio de 25-50 ml ou uma pipeta volumétrica de 25 ml
- Uma pipeta graduada de 10 ml

5.4. Procedimento :

a. Dureza total: (Mg2+, Ca2+)

- Tomar 25 mL da amostra a analisar, -
- adicionar 2,5 mL de solução-tampão de amoníaco pH10,
- depois uma ponta de espátula de Euriochrome T preto.
- Titular com EDTA até que a cor mude de vermelho para azul.

Dureza (total) = VN 24 25 1000

b. dureza cálcica: (Ca2+)

- colher 25 ml da amostra I a analisar,
- adicionar 5 ml de solução de NaOH,
- e depois uma ponta da espátula de Patton Reeder,

- EDTA até que a cor mude de vermelho para azul.

5.4.**Resultados** :

$$\textbf{Dureza (total):} = \frac{V*N*100}{PE} \text{x}1000$$

VD: Volume necessário para a dosagem,

N: normalidade de | EDTA (0,01 N)

PE: A amostra de ensaio 100 é o fator de conversão de mmol/L para mg/L de CaCO3, 1000 é o fator de conversão de litro para mL.

VI. Dosagem de iões cloreto: Cl(-

O teor de cloretos da água depende da origem da água e do terreno por onde corre.

6.1. O princípio:

A reação dos iões cloreto com os iões prata (AgNO3) forma cloreto de prata insolúvel, que se precipita quantitativamente. O cromato (ou dicromato) de potássio é utilizado como indicador vermelho (Ag2CrO4).

AgNO3+ NaCl- →AgCl + NaNO3

2AgCl + K2CrO4-2KCI+ Ag2CrO4

6.2 Reagentes :

- Solução de nitrato de prata 0,025 mol/L :
  - Nitrato de prata-...4.247 g
  - Volume final (com água destilada)......................000mL
- Cromato ou dicromato de potássio a 10% (m/v de água destilada)

6.3. Equipamento:

- Uma bureta
- Um tubo de ensaio de 50 ml
- Um conta-gotas

6.4. Procedimento :

Os iões cloreto são determinados tomando 50 ml da amostra e colocando-a num copo ou num Erlenmeyer. Em seguida, adicionar 2-3 gotas de cromato (ou dicromato) de potássio, até a solução ficar amarela. Titular com a solução de nitrato de prata até que a cor mude de amarelo para vermelho.

6.5. Expressão dos resultados :

$$= \frac{Vb*CAgNO3*MCL-}{PE} \text{ x1000CI} =$$

Cl: é expresso em mg/L (1000, indica a conversão de g para mg)

Vb: volume de AgNO3 utilizado no ensaio:

CAgNO3: Concentração de AgNO3 (0,025 M):

Mc-: massa molar do cloro (35,5 g/mol);

PE: amostra de ensaio (50mL):

7. DETERMINAÇÃO DOS IÕES SULFATO: $SO4^{2-}$

7.1. O princípio:

A precipitação de iões sulfato sob a forma de sulfato de bário em presença de cloreto de bário permite determinar os iões sulfato presentes na água.

BaC12+SO42- BaSO4+2CI -

7.2. Reagentes :

- Solução de ácido clorídrico a 10% :
  - HCI concentrado 37%...27mL
  - Volume final (com água destilada).........................100mL
- Solução estabilizada de cloreto de bário:
  - cloreto de bário...10g
  - solução de TWeen (PVP 20%).......................... 20ml
  - volume final (com água destilada).......................100mL

7.3. Equipamento:

Espectrofotómetro UV-Visível.

7.4. Procedimento

- Colocar 7,8mL de amostra num tubo de ensaio;
- Adicionar 7,8 mL de água destilada a outro tubo para o controlo; adicionar 0,2 mL de solução de ácido clorídrico e 1 mL de solução de cloreto de bário estabilizado a cada tubo;
- Agitar e deixar em repouso durante pelo menos 15 minutos para efetuar a leitura no espetrofotómetro com um comprimento de onda de 650 nm. A referência é a água destilada.

7.5. Expressão dos resultados

A relação utilizada para calcular o teor de iões sulfato é dada por :

$$SO_4^{2-} = \frac{ABS - 0{,}0119}{0{,}0116}$$

ABS é a absorvância lida pelo espetrofotómetro

SUBSTÂNCIAS INDESEJÁVEIS

1- DETERMINAÇÃO DOS IÕES NITRITO: NO2-

Os nitritos (NO2) são compostos indesejáveis na composição da água potável. A sua presença pode dever-se à oxidação incompleta do NH4 ou à redução do NO3 presente na água. A redução do NO3 a NO2 pode ser devida à ação de bactérias. A água que contém iões NO pode ser suspeita de ter sido recentemente contaminada por matéria fecal.

A presença de nitritos no sangue impede que a hemoglobina se ligue adequadamente ao oxigénio, levando ao risco de metahemoglobinemia aguda. Os nitritos são também altamente tóxicos para os peixes e frequentemente mortais. É por esta razão que o teor de nitritos da água potável é regulado e, indiretamente, o dos nitratos, devido à sua capacidade de se transformarem em nitritos. As concentrações guia e máxima admissíveis de nitritos na água destinada ao consumo humano são, respetivamente, 0,1 mg/l e 1 mg/l. Uma concentração de 1 mg/l é um sinal de poluição. Deverá então ser efectuada uma análise microbiológica. Dada a reutilização das águas residuais na agricultura e/ou na piscicultura, é igualmente importante determinar o teor de nitritos nas águas residuais.

1.1. O princípio:

A determinação dos nitritos é efectuada por espetrofotometria a 435 nm, segundo o método de ZAMBELI. O ácido sulfanílico em meio clorídrico, na presença de iões amónio e fenol (= reagente de ZAMBELLI), forma um complexo de cor amarela com os iões nitritos, cuja intensidade é proporcional à concentração de nitritos.

1.2 Reagentes :

- Amoníaco puro (concentrado);
- Reagente de Zambelli :

- HCI concentrado...............................260mL
- Ácido sulfanílico..........................5g
- Fenol cristalino............................-7.5g
- Cloreto de amónio......................135g
- Água destilada (sem NO2)-..........625mL
- Volume final (com água destilada) -.......1000mL

1.3 Equipamento:

Espectrofotómetro UV-Visível.

1.4 Procedimento

Colocar 10 ml da amostra a analisar num tubo;

Adicionar 10 mL de água destilada a outro tubo para o controlo.

Adicionar 0,4 mL de reagente de Zambelli a cada tubo; agitar e aguardar cerca de 10 minutos antes de adicionar 0,4 mL de amoníaco puro;

Agitar e deixar a reação desenvolver-se durante 15 minutos antes de efetuar uma leitura no espetrofotómetro com um comprimento de onda de 435 nm. A referência é a água destilada.

1.5. Expressão dos resultados

$$NO2\text{-}= \frac{ABS}{0{,}0045}$$

Expresso em mg/L

ABS é a absorvância lida por espetrofotómetro

Preparação do reagente de Zambelli :

- Colocar a água destilada e o ácido clorídrico num balão volumétrico de 1 litro:
- Dissolver o ácido sulfanílico e o fenol na mistura, aquecendo suavemente em banho-maria até completa dissolução:
- Adicionar o cloreto de amónio e mexer até dissolver;
- Após arrefecimento, completar o volume até 1 litro com água destilada.

Figura 31: Alteração da cor que indica a presença de nitritos

2- DETERMINAÇÃO DOS IÕES NITRATO: NO3-

Os iões $NO^{(3-)}$ são geralmente o resultado da nitrificação do azoto orgânico ou provêm da dissolução de adubos. A determinação de nitratos envolve métodos relativamente complexos com uma elevada probabilidade da presença de constituintes interferentes, o que torna a determinação de nitratos complicada.

O método espetrofotométrico proposto requer uma amostra límpida: a amostra deve ser filtrada.

2.1 Princípio:

Na presença de salicilato de sódio, os nitratos dão origem a paranitrosalicilato de sódio, que se apresenta com uma coloração amarela e pode ser determinado espectrofotometricamente.

Figura 32: Mudança de cor indicando a presença de nitrato

2.2 Reagentes :

- Solução de salicilato de sódio a 0,5%:
- Solução de hidróxido de sódio 1 mol/L;
- Solução de tartarato de sódio e potássio:

- Hidróxido de sódio ------400g
- Tartrato duplo de sódio e potássio......60g
- Volume final (com água destilada) -...............100ml

2.3 Equipamento:

Espectrofotómetro UV-Visível.

2.4 Procedimento

O teor de iões nitrato é obtido por

- Colocar 10 ml da amostra a analisar num balão de fundo plano;
- Ao mesmo tempo, tomar 10 mL de água destilada para o controlo; adicionar 1 mL da solução de salicilato de sódio e uma gota de NaOH :

- Dissolver o resíduo seco com 2mL de ácido sulfúrico concentrado e aguardar cerca de 10 minutos: por fim, adicionar 15mL de água destilada e 15mL da solução de duplo tartarato de sódio e potássio,
- Deixar a reação desenvolver-se durante cerca de 15 minutos e, em seguida, efetuar uma leitura no espetrofotómetro a 415 nm. A referência é água destilada.

2.5 Expressão dos resultados

O teor de iões nitrato pode ser obtido a partir da seguinte relação:

$$\frac{ABS}{0{,}0497}$$

ABS é a absorvância lida por espetrofotómetro

3 DETERMINAÇÃO DO FERRO (Fe^{2+}): método da ortofenantrolina

3.1 Princípio:

A adição de uma solução de fenantrolina 1.10 a uma amostra de ensaio, após redução das formas de Fe^{3+} a Fe^{2+} por cloridrato de hidroxilamina, deu origem a um complexo vermelho-alaranjado num meio tamponado com acetato de amónio.

3.2 Reagentes:

Todos os reagentes devem ser preparados com água destilada isenta de qualquer vestígio de ferro.

- Solução de cloreto de hidroxilamina a 10% (água destilada p/v) :
- Solução de fenantrolina 0,42% :

- fenantrolina 1.10.........................-0.42g
- ácido clorídrico concentrado.............2 gotas
- Volume final (com água destilada) 100m

Solução tampão de acetato:

- acetato de amónio..........................40g
- ácido acético................................ 50ml
- Volume final (com água destilada).............100mL

3.3 Equipamento:

Espectrofotómetro UV-Visível.

3.4 Procedimento:

Esta determinação implica a adição de 50 ml da amostra a analisar:

- 1mL de solução de cloreto de hidroxilamina:
- 2mL de solução tampão de acetato:
- 2mL de solução de fenantrolina;
- Manter a mistura no escuro durante 15 minutos e efetuar uma leitura no espetrofotómetro com um comprimento de onda de 510 nm. A referência é a água destilada.
- Simultaneamente, efetuar um controlo, substituindo a amostra por 50 ml de água destilada.

3.5 Expressão dos resultados

A relação utilizada para calcular o teor de iões ferrosos é dada por

$$Fe2+=\frac{ABS-0,0256}{0,3009}$$

Expresso em mg/L

ABS é a absorvância lida pelo espetrofotómetro.

Figura 33: Imagem da amostragem de lixiviados no aterro de Lafiabougou (Comuna IV)

Ousmane DOUCOURE

IMPACTO DOS RESÍDUOS SÓLIDOS NA QUALIDADE DA ÁGUA CAMINHOS-DE-FERRO SUBTERRÂNEOS NO DISTRITO DE BAMAKO

Resumo

Em Bamako, a produção de resíduos domésticos está a aumentar com o crescimento demográfico e pode ter impactos importantes no ambiente, tais como poluentes como os lixiviados, que podem infiltrar-se e poluir as águas subterrâneas e os cursos de água. No âmbito deste estudo, baseado no impacto dos resíduos sobre a qualidade das águas subterrâneas no distrito de Bamako, foram utilizados vários métodos e ferramentas: inventário das diferentes lixeiras de trânsito nas seis comunas do distrito de Bamako, caraterização dos resíduos, análises físico-químicas e de metais pesados do solo, dos lixiviados dos aterros e das águas dos poços que circundam as lixeiras. Os resultados destas análises mostraram que os resíduos são compostos por vários elementos. As análises físico-químicas do solo, dos lixiviados e dos poços que circundam os referidos aterros revelaram que estes elementos não cumprem as normas aceites no Mali e pela OMS internacional. As estratégias propostas poderiam ajudar a sensibilizar as pessoas que vivem perto de aterros sanitários, para que não consumam água de poços não tratada.

Palavra-chave : Resíduos, lixiviados, poluição, impacto, Bamako

Resumo

Em Bamako, a produção de resíduos domésticos intensifica-se com o crescimento da população e pode ter fortes impactos no ambiente, tais como: poluentes como os lixiviados que podem infiltrar-se e poluir as águas subterrâneas e os cursos de água. Assim, no âmbito deste estudo baseado no impacto dos resíduos na qualidade das águas subterrâneas do distrito de Bamako, foram utilizados vários métodos e ferramentas: o inventário dos vários depósitos de trânsito nas seis comunas do distrito de Bamako, a caraterização dos resíduos, as análises físico-químicas e de metais pesados dos solos, os lixiviados dos aterros e a água dos poços que circundam esses aterros. Os resultados obtidos a partir destas análises mostraram que os resíduos são compostos por vários elementos. As análises físico-químicas dos solos, dos lixiviados e dos poços que circundam os referidos aterros revelaram que estes elementos não satisfazem as normas aceites no Mali e na OMS internacional. As estratégias propostas poderão contribuir para sensibilizar as populações que vivem nas imediações dos aterros para não consumirem água de poços sem tratamento.

Palavras-chave: Resíduos, lixiviados, poluição, impacto, Bamako

MIX
Papier aus verantwortungsvollen Quellen
Paper from responsible sources
FSC® C105338

Printed by Books on Demand GmbH, Norderstedt / Germany